Auteur : Rima Elleon

Édité en : Juillet 2023

Auto Édition - KDP

Code ISBN : 978-2-9584208-0-2

Dépôt Légal : Juillet 2023

Guide Débutant

AXOLOTL

Le guide pratique et complet pour prendre soin de cet animal fascinant

-

Tout ce que vous devez savoir sur l'Axolotl avant de vous lancer : Origines, Couleurs, Adoption, Aquarium, Équipements, Alimentation, Soins, Entretien, Maladies, Régénération, Reproduction, Métamorphose, ...

Table des matières

Introduction

Vous souhaitez accueillir un axolotl de compagnie chez vous mais vous êtes débutants ?
Vous avez déjà un axolotl à la maison mais souhaitez en savoir plus et lui offrir le meilleur cadre de vie possible ?
Ce guide pratique est alors fait pour vous, il vous donnera toutes les informations nécessaires afin de démarrer au mieux cette incroyable aventure !

Nous verrons notamment dans ce livre ce qu'est l'axolotl, ses origines, son comportement, son mode de vie, mais également comment choisir un éleveur, comment transporter l'axolotl chez vous, comment lui préparer son aquarium, comment s'équiper et comment l'accueillir sereinement.
Enfin, nous verrons également comment en prendre soin au quotidien, comment le nourrir, comment entretenir son environnement et comment lui assurer une longue vie paisible et heureuse.

Cet ouvrage est principalement à destination des adultes. En effet, pour accueillir un axolotl il faut une grande rigueur et des connaissances en aquariophilie. Ce n'est donc pas une espèce très accessible pour les jeunes enfants à moins d'être accompagné d'un adulte.

Qu'est-ce qu’un axolotl ?

1. Les origines de l'axolotl et ses spécificités

L'axolotl est originaire du **lac Xochimilco**, au sud de la ville de Mexico, où il est considéré comme une espèce en danger d'extinction.
Le terme "axolotl" vient d'ailleurs de l'aztèque et signifie "**monstre d'eau**".

Le lac de Xochimilco représenté sur une carte de 1847

L'axolotl ou "Ambystoma mexicanum" de son nom latin, est un **amphibien** appartenant à l'ordre des **urodèles**, qui comprend également les salamandres et les tritons.

Le mot amphibien signifie "double vie" et fait référence au fait qu'ils naissent sous une forme aquatique (larve) puis se métamorphosent en une forme terrestre.

Les amphibiens sont séparés en 3 ordres : Anoures (sans queue), Urodèles (avec une queue), Gymnophiones (sans membres). L'axolotl est un urodèle.

Contrairement aux autres amphibiens, l'axolotl est un animal aquatique qui peut rester à l'état larvaire tout au long de sa vie, ce phénomène est connu sous le nom de "**néoténie**". Cela ne l'empêche pas pour autant de se reproduire à l'état larvaire, on parle alors de "**pédogénèse**".

Dans son habitat naturel, l'axolotl est habitué à vivre dans des lacs d'eau calme sans courant, avec une température de l'eau constamment fraîche, rarement supérieure à 20°C et parfois même aussi basse que 6°C.

Sous sa forme larvaire, il est totalement aquatique et se déplace principalement en marchant sur le fond de l'eau plutôt qu'en nageant.

L'axolotl est un animal principalement actif la nuit.

Axolotl

Cependant, si l'environnement devient inadapté ou pour des raisons génétiques, l'axolotl peut subir une **métamorphose** physique et devenir terrestre. Cette transformation peut prendre plusieurs semaines à plusieurs mois. Cela se manifeste notamment par l'atrophie des branchies, le développement de poumons et d'autres modifications du corps qui lui permettent de vivre hors de l'eau. Cette métamorphose est assez rare chez l'axolotl et peu recommandée car la forme terrestre de l'axolotl réduit sa durée de vie, cette dernière passe d'environ **15 ans à l'état larvaire aquatique à 5 ans à l'état terrestre** (si compté que l'axolotl survive à la métamorphose qui est une épreuve en elle-même et occasionne des souffrances à l'animal voir peut mener à la mort).

Sous sa forme terrestre, l'axolotl ressemble alors à ses cousines les salamandres.

Axolotl métamorphosé, sous sa forme dite "terrestre"

Cet animal est particulièrement intéressant car il est capable de **régénération**, c'est-à-dire qu'il a la capacité de faire repousser ses membres et même certaines parties de son cerveau s'ils sont endommagés. En raison de cette capacité unique, l'axolotl est souvent utilisé dans la recherche médicale. Toutefois, son génome (c'est-à-dire l'ensemble des chromosomes et des gènes d'une espèce, d'un individu) étant plus complexe que celui de l'être humain, il est difficile de comprendre le fonctionnement de ce phénomène.

2. L’anatomie atypique de l’axolotl

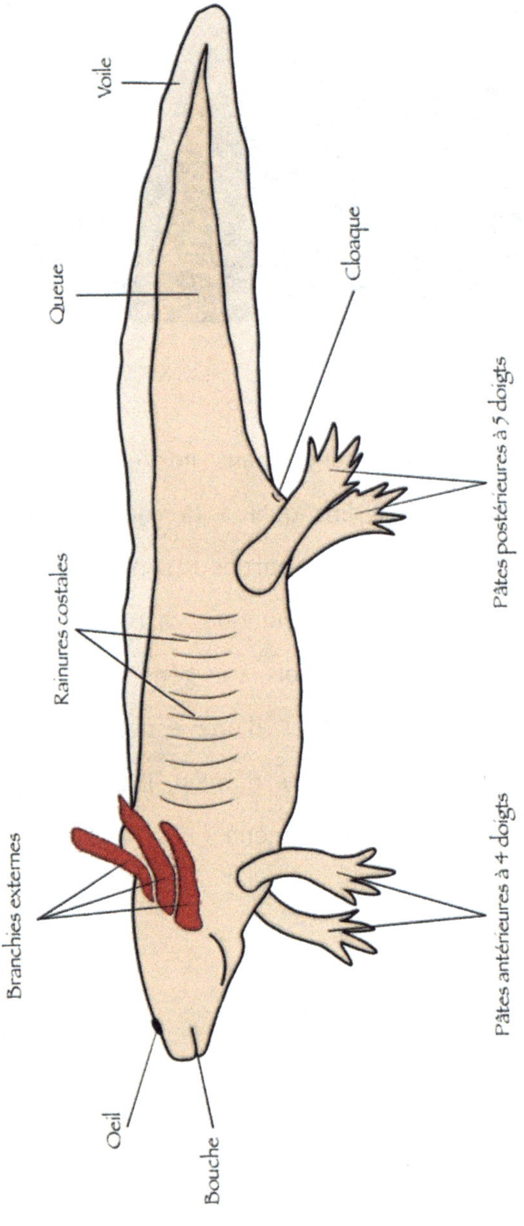

Les axolotls adultes atteignent généralement une taille comprise entre **20 et 30 centimètres**, et peuvent peser entre **60 et 110 grammes**.

L'axolotl a une anatomie particulière, il dispose d'une tête plate et arrondie avec deux petits yeux ronds sans paupières. Il n'a pas une très bonne vue, il arrive donc parfois qu'il confonde la patte ou les branchies de ses congénères avec de la nourriture.

De chaque côté de sa tête flottent trois branchies externes recouvertes de filaments qui lui permettent de respirer en captant l'oxygène dans l'eau (celles des poissons sont internes à titre de comparaison). Elles sont généralement de couleur rouge, rose ou violet du fait qu'elles sont irriguées de sang. **Ces branchies sont fragiles et sont un bon indicateur de l'état de l'axolotl**.

Sur cette photo on distingue bien les 3 branchies de chaque côté

Bien que l'axolotl soit censé rester à l'état larvaire toute sa vie (néoténie) et qu'il évolue dans un milieu aquatique, il possède néanmoins des poumons rudimentaires qui lui servent à happer de l'air à la surface de l'eau pour les remplir d'oxygène.
Son museau qui est large et possède deux petites narines lui sert ainsi à récupérer de l'air en surface.

Sa large bouche lui permet d'avaler la nourriture sans la trancher, les seules petites dents qu'il possède ne lui servent qu'à agripper ses proies et non à mâcher.
L'axolotl a une bouche extensible qui peut s'ouvrir très largement. Pour cette raison, tout objet de taille inférieure à sa tête ne doit pas être placé dans son aquarium, car cela pourrait entraîner une obstruction de son système digestif, voire la mort.
Sa bouche lui sert également parfois à récupérer de l'air en surface.

Il a un corps allongé, avec quatre pattes munies de doigts qui facilitent ses déplacements au fond de l'eau. Les membres avant possèdent quatre doigts tandis que ceux arrière en possèdent cinq.
Les pattes de l'axolotl lui servent à marcher sur le sol aquatique, mais ses membres seraient trop faibles pour le supporter et le déplacer hors de l'eau. C'est pourquoi lorsque l'axolotl se métamorphose ses membres se renforcent pour qu'il soit alors capable de se déplacer sur le sol terrestre.
Le ventre de l'axolotl adulte présente des sillons appelés sillons costaux (sortes de creux, le long des flancs). Chez un axolotl bien nourri, le ventre doit être légèrement bombé. Lorsqu'on observe l'axolotl de dessus, la largeur de son ventre doit être équivalente à la largeur de sa tête.

Sa queue plate est surmontée d'un voile qui part de l'arrière de la tête, qui suit le haut du dos en s'agrandissant, et qui s'étend jusqu'au bout de la queue. Sa queue lui sert à se propulser et à se diriger dans l'eau.

Axolotl, vue de côté, on y distingue bien les sillons costaux et le voile

La peau de l'axolotl est fine, souple et glissante.

Elle est également perméable, car elle ne dispose pas d'écailles comme les poissons par exemple, ce qui la rend très sensible aux changements de la qualité d'eau et à l'exposition à des produits chimiques ou polluants.

Les axolotls sont aussi capables de respirer grâce à leur peau. C'est un phénomène connu sous le nom de respiration cutanée. En effet, la peau absorbe facilement l'oxygène dans l'eau et permet de libérer du dioxyde de carbone. Cette forme de respiration est particulièrement utile dans des conditions où l'apport en oxygène par les branchies pourrait être insuffisant.

Le cloaque est un organe, une poche formée par l'extrémité des voies intestinales et génitales. C'est par son cloaque que l'axolotl va évacuer ses excréments, et c'est grâce à lui qu'il se reproduit. Le cloaque diffère à l'âge adulte selon qu'il s'agit d'une femelle ou d'un mâle

Comme expliqué précédemment, sa caractéristique anatomique principale réside dans sa capacité à régénérer ses organes endommagés ou détruits. Il peut ainsi reconstruire un œil, un membre et même certaines parties de son cerveau.

3. Axolotl mâle ou femelle ?

Différencier un axolotl mâle d'une femelle peut être difficile, surtout lorsqu'ils sont jeunes, car ils sont assez similaires en apparence.
De plus, le sexe ne peut généralement être déterminé que lorsque l'axolotl a atteint sa maturité sexuelle qui a lieu autour de l'âge de 1 an soit lorsqu'il atteint une vingtaine de centimètres.

Voici alors quelques petits indices pour vous aider à les différencier:

- Le **cloaque** : Le mâle a généralement un cloaque plus long et bombé, tandis que la femelle a un cloaque plus court et fin.
- Le **corps** : Les femelles ont généralement un corps plus large et plus rond, en particulier autour de l'abdomen, car elles doivent porter des œufs. Les mâles ont tendance à avoir un corps plus étroit et plus allongé.
- **Comportement de reproduction** : Lors de la période de reproduction, le mâle est plus actif et effectue une sorte de danse d'accouplement pour séduire la femelle, il va également déposer des "spermatophores" (petits paquets de sperme) qui ressemblent à de petits cônes ou gouttes blanches sur le fond de l'aquarium. La femelle aura tendance à avoir le corps plus rond dû à la présence d'œufs.

En termes de tempérament, il n'y a pas vraiment de différence significative entre les mâles et les femelles. Les deux sexes font d'excellents animaux de compagnie.

Remarque : Ces différences ne sont pas toujours faciles à repérer et il peut être difficile de déterminer le sexe de votre axolotl sans expérience. Si vous avez des doutes, il est recommandé de consulter un vétérinaire ou un éleveur expérimenté.

4. Les différentes couleurs d'axolotl

Il existe **5 couleurs de base** qui sont facilement identifiables grâce à leur caractéristique oculaire: un **cercle doré dans l'œil**.

Ils ont également la particularité de pouvoir manifester tous les types de pigments que l'on peut retrouver sur le corps d'un axolotl c'est à dire :

- Les mélanophores, responsables des teintes noires et brunes,
- Les iridophores, responsables des pigments scintillants, semblables à des paillettes,
- Les xantophores, responsables des pigments jaunes et rouges.

La diversité des cinq couleurs de base de l'axolotl découle de la présence variable de chacun de ces pigments.

Voici donc ces **5 couleurs de base**:

- **Le Fauve** a une couleur qui varie du gris vers le noir (voir une sorte de vert foncé) et plus ou moins tachetée de noir. Cette couleur est aussi appelée "Sauvage" car c'est la couleur que l'on retrouve le plus chez les axolotls sauvages dans leur milieu naturel.

Axolotl Fauve

- **Le Leucistique** est entièrement blanc avec les yeux noirs. Il peut également posséder des tâches noires. Lorsque les tâches sont très nombreuses ou de grosses tailles, on parle alors d'axolotl "**Arlequin**", et on utilise parfois le terme "Dirty face" pour décrire l'axolotl qui a une face pleine de ces tâches. Si la base des branchies présente une teinte particulièrement sombre, on peut également les qualifier de "Blue gills".

  Il existe aussi de rares cas de leucistiques dont le cercle autour des yeux est plus large et argenté au lieu de doré. On les appelle « Silver eyes ».

Axolotl Leucistique

- **L'Albinos** est incapable de produire le pigment noir, il sera donc totalement blanc ou rose pâle, voir plus ou moins jaune pour l'**albinos gold** et il aura en plus les yeux blanc ou rose.

Axolotl Albinos Gold

- Le **Copper** (ou cuivre) a une couleur cuivre plus ou moins foncée avec des tâches plus sombres, il est dépourvu de pigment noir.

Axolotl Copper (cc fantaxies.com)

- **Leucistique Copper** est un leucistique sans tâches noires, car il est dépourvu de pigment noirs. Il n'est pas toujours évident de le différencier d'un leucistique classique.

Leucistique Copper

Ces 5 couleurs de base existent également en version :

- **Mélanique** : Les axolotls mélaniques ne possèdent pas d'iridophores c'est-à-dire de taches brillantes/pailletées. Leur apparence est donc mate, sans la présence de cercles dorés autour des yeux.

Axolotl Fauve Mélanique

- **Axanthiques** : En plus d'être dépourvus d'iridophores, les axolotls axanthiques n'ont pas de xanthophores, c'est-à-dire de taches jaunes ou rouges, contrairement aux mélaniques qui peuvent en avoir. Un axolotl axanthique aura donc également la peau mate, aucun cercle doré dans l'œil et n'aura ni tâches jaunes ni rouges.

Axolotl Fauve Axanthique (cc axolotlheaven)

Enfin, il existe également d'autres couleurs plus rares mais qui sont le résultat de mutations génétiques :

- **Mosaïque** : Un axolotl mosaïque présente des caractéristiques de deux différentes variantes d'axolotls en termes de coloration ou de motifs. Cela se produit en raison d'une mutation lors de la division des cellules embryonnaires. Cette particularité donne à l'axolotl mosaïque un aspect tacheté ou marbré. Ce phénomène n'est pas héritable, cela signifie qu'un axolotl mosaïque ne produira pas nécessairement des descendants mosaïques.

Axolotl mosaïque (cc @axolotl.deutschland)

- **Chimère** : Les axolotls chimères sont le résultat de la fusion de deux œufs distincts. Chaque côté du corps se développe en fonction de l'œuf d'origine, ce qui donne l'impression qu'il y a deux individus en un seul. Par exemple, le côté droit d'un axolotl peut présenter toutes les caractéristiques d'un leucistique ou d'un gold, tandis que le côté gauche présente les caractéristiques d'un axolotl fauve.

Parfois, il peut même y avoir la présence de plus de deux codes génétiques différents.

Axolotl chimère *(cc alotlaxolotls.ca)*

A l'état sauvage il existe principalement deux couleurs, dont les "fauves" (ou "sauvages") et quelques leucistiques. Les autres couleurs sont donc issues de croisements et mutations génétiques des axolotls en captivité au cours des années.

5. Posséder un axolotl : la réglementation française

Parmi les différentes variétés de couleurs évoquées précédemment, seule la variété albinos est considérée officiellement comme espèce "domestique" en France. (https://www.legifrance.gouv.fr/jorf/id/JORFTEXT000000789087)

Toutes les autres variétés d'axolotl sont considérées comme "non domestiques" par la législation française. Néanmoins, cela ne veut pas dire que vous ne pouvez pas les adopter en tant qu'animal de compagnie, mais cela vous demande par contre de suivre une législation plus contraignante. L'enregistrement des axolotls "non domestiques" est notamment obligatoire. Dans ce cas, il vous faudra effectuer une procédure d'enregistrement spécifique sur le site de l'Identification de la Faune Sauvage Protégée : **i-fap** : *https://www.i-fap.fr/*

https://www.i-fap.fr/

Cet enregistrement consiste à identifier l'animal et à déclarer son propriétaire. Pour l'identification, les axolotls ne sont pas pucés ou tatoués comme les chiens, chats ou furets par exemple, car cela est trop invasif et non adaptés pour ces amphibiens, ainsi l'identification consiste à remplir un document ***Cerfa N° 15969*01*** et à ajouter des photos bien spécifiques permettant d'identifier votre axolotl.

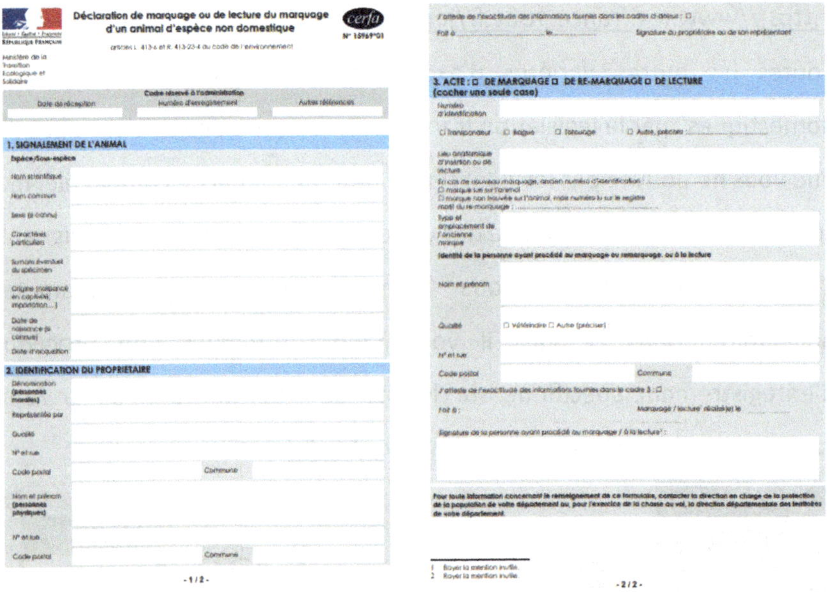
Déclaration de marquage ou de lecture du marquage d'un animal d'espèce non domestique

1. SIGNALEMENT DE L'ANIMAL

2. IDENTIFICATION DU PROPRIÉTAIRE

3. ACTE : ☐ DE MARQUAGE ☐ DE RE-MARQUAGE ☐ DE LECTURE (cocher une seule case)

*Cerfa N° 15969*01 - https://entreprendre.service-public.fr/vosdroits/R54096*

> Attention : En cas de contrôle, si vos axolotls "non domestiques" ne sont pas enregistrés, vous serez passibles d'une amende de 1 500 € (3 000 € en cas de récidive).

En cas de changement de propriétaire, l'enregistrement i-fap devra être mis à jour.

Vous devez également disposer d'une attestation de cession d'animal non domestique que le vendeur/éleveur vous aura communiqué lors de l'adoption de votre axolotl (Souvent en animalerie, cette attestation se résume au ticket de caisse) :

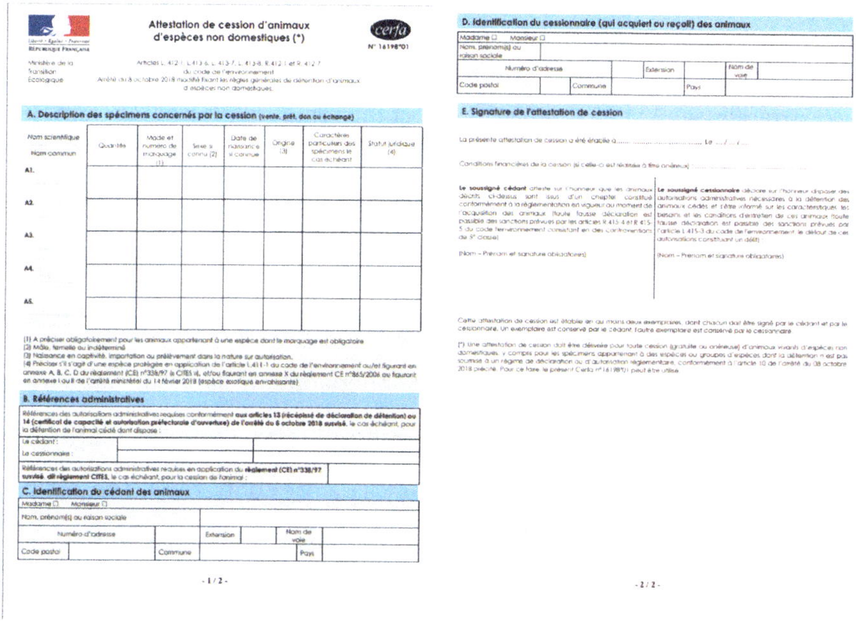

Liberté · Égalité · Fraternité
République Française

Ministère de la Transition Écologique

Attestation de cession d'animaux d'espèces non domestiques (*)

cerfa N° 16198*01

Articles L. 412-1, L.413-6, L. 413-7, L. 413-8, R.412-1 et R. 412-7 du code de l'environnement
Arrêté du 8 octobre 2018 modifié fixant les règles générales de détention d'animaux d'espèces non domestiques.

A. Description des spécimens concernés par la cession (vente, prêt, don ou échange)

Nom scientifique / Nom commun	Quantité	Mode et numéro de marquage (1)	Sexe si connu (2)	Date de naissance si connue	Origine (3)	Caractères particuliers des spécimens le cas échéant	Statut juridique (4)
A1.							
A2.							
A3.							
A4.							
A5.							

(1) A préciser obligatoirement pour les animaux appartenant à une espèce dont le marquage est obligatoire
(2) Mâle, femelle ou indéterminé
(3) Naissance en captivité, importation ou prélèvement dans la nature sur autorisation.
(4) Préciser s'il s'agit d'une espèce protégée en application de l'article L.411-1 du code de l'environnement ou/et figurant en annexe A, B, C, D du règlement (CE) n°338/97 (« CITES »), et/ou figurant en annexe X du règlement CE n°865/2006 ou figurant en annexe I ou II de l'arrêté ministériel du 14 février 2018 (espèce exotique envahissante)

B. Références administratives

Références des autorisations administratives requises conformément **aux articles 13 (récépissé de déclaration de détention) ou 14 (certificat de capacité et autorisation préfectorale d'ouverture) de l'arrêté du 8 octobre 2018 susvisé**, le cas échéant, pour la détention de l'animal cédé dont dispose :

Le cédant :
Le cessionnaire :

Références des autorisations administratives requises en application du **règlement (CE) n°338/97 susvisé, dit règlement CITES**, le cas échéant, pour la cession de l'animal :

C. Identification du cédant des animaux

Madame ☐ Monsieur ☐
Nom, prénom(s) ou raison sociale
Numéro d'adresse | Extension | Nom de voie
Code postal | Commune | Pays

- 1 / 2 -

D. Identification du cessionnaire (qui acquiert ou reçoit) des animaux

Madame ☐ Monsieur ☐
Nom, prénom(s) ou raison sociale
Numéro d'adresse | Extension | Nom de voie
Code postal | Commune | Pays

E. Signature de l'attestation de cession

La présente attestation de cession a été établie à .... Le ..../..../....

Conditions financières de la cession (si celle-ci est réalisée à titre onéreux) : ....

Le soussigné cédant atteste sur l'honneur que les animaux décrits ci-dessus sont issus d'un cheptel constitué conformément à la réglementation en vigueur au moment de l'acquisition des animaux (toute fausse déclaration est passible des sanctions prévues par les articles R.415-4 et R.415-5 du code l'environnement consistant en des contraventions de 5e classe)

(Nom – Prénom et signature obligatoires)

Le soussigné cessionnaire déclare sur l'honneur disposer des autorisations administratives nécessaires à la détention des animaux cédés et s'être informé sur les caractéristiques, les besoins et les conditions d'entretien de ces animaux (toute fausse déclaration est passible des sanctions prévues par l'article L.415-3 du code de l'environnement, le défaut de ces autorisations constituant un délit) :

(Nom – Prénom et signature obligatoires)

Cette attestation de cession est établie en au moins deux exemplaires, dont chacun doit être signé par le cédant et par le cessionnaire. Un exemplaire est conservé par le cédant, l'autre exemplaire est conservé par le cessionnaire.

(*) Une attestation de cession doit être délivrée pour toute cession (gratuite ou onéreuse) d'animaux vivants d'espèces non domestiques, y compris pour les spécimens appartenant à des espèces ou groupes d'espèces dont la détention n'est pas soumise à un régime de déclaration ou d'autorisation réglementaire, conformément à l'article 10 de l'arrêté du 08 octobre 2018 précité. Pour ce faire, le présent Cerfa n°16198*01 peut être utilisé.

- 2 / 2 -

Attestation de cession d'animal non domestique

6. Les axolotls sont-ils faits pour vous ?

En tant qu'animal de compagnie, l'axolotl est encore peu connu en France, mais il se popularise de plus en plus en raison de sa nature calme et de son apparence mignonne.

Les axolotls sont des animaux de compagnie relativement faciles à entretenir comparé à d'autres espèces. Ils n'ont, par exemple, pas besoin d'être promenés à l'extérieur comme pourrait le nécessiter un chien ou besoin d'interactions sociales régulières comme par exemple avec un perroquet.

D'un tempérament souvent calme et indépendant, ils n'ont pas besoin d'une attention constante et sont fascinants et relaxants à regarder.

Cependant, cela ne veut pas dire qu'il n'y a pas de contraintes. **Les axolotls sont des êtres vivants qui ont des besoins qu'il faut pouvoir combler et ce tout au long de leurs vies**. Ils nécessitent notamment un entretien régulier de leur aquarium pour maintenir une qualité d'eau adéquate, et ils doivent être nourris plusieurs fois par semaine.

Ainsi, avant de vous lancer dans cette nouvelle aventure, vous devez pouvoir répondre sincèrement à l'ensemble de ces questionnements:

- Etes-vous prêt à ne faire qu'observer et prendre soin de votre nouvel animal de compagnie ? En effet, **les axolotls ne sont pas des animaux de compagnie à "câliner"** et doivent être manipulés avec soin et seulement lorsque c'est nécessaire.

- Avez-vous **suffisamment de place** pour le loger ? Un axolotl adulte peut atteindre 30 cm il lui faut donc un aquarium de grande taille de minimum 100 cm (L) x 40 cm (l) x 40 cm (h) pour 2 individus. De plus, les axolotls ont besoin de vivre avec d'autres congénères, il vous faut donc être prêt à adopter deux voire plus d'axolotls.
- Avez-vous un **endroit adapté** et suffisamment frais dans votre logement ? Etes-vous prêt à investir dans du matériel tel qu'un climatiseur, ou un système pour refroidir l'eau de l'aquarium ? En effet, les axolotls sont sensibles à la chaleur. La température de l'eau ne doit donc pas excéder 22°C même l'été.
- Etes-vous prêt à **investir** 400€ minimum pour vous équiper (bac d'aquarium, filtration, groupe froid, plantes, décorations, substrat, kit de tests etc ...).
- Êtes-vous assez **rigoureux** ? L'aquariophilie qui consiste à s'occuper d'animaux et de plantes aquatiques dans un aquarium, demande de la rigueur et de l'entretien régulier.
- Êtes-vous suffisamment **disponible** ? Un aquarium avec des axolotls demande un minimum d'entretien régulier, ainsi il ne faut pas avoir besoin de s'absenter pendant plusieurs semaines d'affilée, ou prévoir une personne de confiance pour s'en occuper en votre absence.
- Etes-vous **patient** ? L'aquariophilie demande de la patience et d'autant plus au démarrage.
- Etes-vous prêt à vous **engager sur la durée**, pendant une dizaine d'années voir plus ? Les axolotls peuvent vivre une dizaine d'années à l'état larvaire.

- Avez-vous un vétérinaire NAC (Nouveaux Animaux de Compagnie) près de chez vous ? Etes-vous prêt à payer les **frais vétérinaires** que cela pourrait occasionner ?

Si vous avez répondu oui à toutes ces questions, c'est que les axolotls peuvent être fait pour vous ! Cependant, avant de vous lancer, une connaissance approfondie de l'espèce et de ses besoins est essentielle. En commençant par ce livre, vous disposerez d'excellentes fondations. Néanmoins, n'hésitez pas à enrichir vos connaissances en consultant également des éleveurs dévoués ou des vétérinaires spécialisés.

Un axolotl et son fameux "sourire"

7. Où adopter un axolotl et comment le choisir?

Si vous avez déterminé que l'axolotl est le compagnon idéal pour vous, le choix de son lieu d'adoption représente une étape décisive.

Il est fortement recommandé d'adopter votre axolotl chez un éleveur professionnel ou familial que vous aurez sélectionné en amont. Assurez-vous qu'il soit **sérieux et passionné**, ainsi il sera en mesure de vous fournir des axolotls en bonne santé et vous donner des conseils adaptés.

Certaines animaleries proposent des axolotls à la vente, mais il est fortement déconseillé de passer par ce genre de magasin. L'axolotl étant une espèce encore peu connue, la plupart des vendeurs en animalerie ne connaissent pas suffisamment cet animal et ses spécificités et risquent donc de vous donner des conseils non adaptés. De plus, les axolotls d'animaleries sont généralement élevés en masse, sans bénéficier de tous les soins nécessaires, et de nombreux témoignages désastreux foisonnent sur internet concernant les adoptions en animalerie.

Il existe toutefois des animaleries spécialisées dans les amphibiens ou animaux aquatiques, qui ont, en général, plus d'expérience sur le sujet et sont plus à même de vous fournir des conseils avisés et des axolotls en bonne santé.
Il est recommandé de faire des recherches approfondies sur l'enseigne à l'avance pour être certain de votre choix.

Quel que soit le lieu, assurez-vous que l'éleveur ou le vendeur soit **fiable**. Pour cela, ce dernier doit notamment :

- Bien connaître l'espèce et ses spécificités, savoir différencier les couleurs, vous informer sur son mode de vie, son entretien, son alimentation, les précautions à prendre.
- Ne pas proposer des axolotls malades, blessés, consanguins ou présentant des anomalies.
- Avoir une taille d'aquarium adaptée au nombre d'axolotls, un sol et un environnement propre et n'entraînant aucun risque, une température adéquate de l'eau.
- Assurer des soins et une alimentation appropriée.
- Être en règle avec la législation française et donc avoir déclaré les axolotls "non domestiques" donc tous les axolotls autres que les albinos, en les enregistrant sur l'ifap : https://www.i-fap.fr/. Il doit également vous indiquer d'actualiser l'enregistrement sur l'i-fap pour indiquer que vous êtes le nouveau propriétaire de l'axolotl, une fois ce dernier adopté.
- L'éleveur doit vous remettre une attestation de cession signée pour chaque axolotl cédé et en conserver un double (Arrêté du 08 août 2016) : https://www.service-public.fr/particuliers/vosdroits/R22119 (En cas d'achat en animalerie, ils fournissent une facture qui peut faire office d'attestation de cession.)
- L'éleveur doit vous fournir un document d'information sur les caractéristiques et les besoins de l'animal.
- **Aucun envoi par colis postal n'est permis, car cela est interdit par la loi !**

Une fois que l'éleveur/vendeur est sélectionné, il est impératif de se déplacer pour voir les axolotls avant tout achat.

Vous allez pouvoir ainsi constater le bon état de santé et choisir votre futur nouvel ami. Voici quelques conseils pour vous aider à le sélectionner :

- Assurez-vous que l'axolotl est en **bonne santé**: Vérifiez que l'animal a une peau lisse, des yeux brillants, des branchies bien colorées et visibles et qu'il ne semble pas blessé ou malade.
- L'axolotl vendu doit faire au **minimum 10 cm**, car s'ils sont trop jeunes les risques de mortalité sont encore importants. De plus, un axolotl encore juvénile a une alimentation plus spécifique que les adultes, il est donc préférable en tant que nouvel acquéreur de démarrer avec un axolotl qui dispose d'une alimentation plus simple et moins contraignante.
- Enfin choisissez celui qui vous plaît le plus !

Le prix d'un axolotl en France varie généralement entre 20€-80€ selon la variété, couleur, rareté et sélection.

Attention : Cela est une évidence, mais les axolotls que vous récupérez chez un éleveur ou un vendeur sont des axolotls de compagnie, **ils ne doivent en aucun cas être relâchés dans la nature** ! D'une part, relâcher un animal dans la nature de cette manière peut s'avérer dévastateur pour un écosystème et d'autre part l'axolotl de compagnie n'est pas forcément prédisposé à la vie en extérieur comme peuvent l'être ses congénères sauvages, il risquerait donc de se faire blesser ou manger par d'autres espèces !

Comment préparer votre maison pour accueillir un axolotl ?

1. Quel type d'habitat est nécessaire pour votre axolotl ? Comment vous équiper ?

L'axolotl a besoin de conditions d'hébergement strictes et adaptées pour conserver sa bonne santé et s'épanouir correctement.

C'est pourquoi nous allons voir ici tous les équipements dont vous allez avoir besoin pour mettre en place l'habitat adéquat pour votre axolotl.

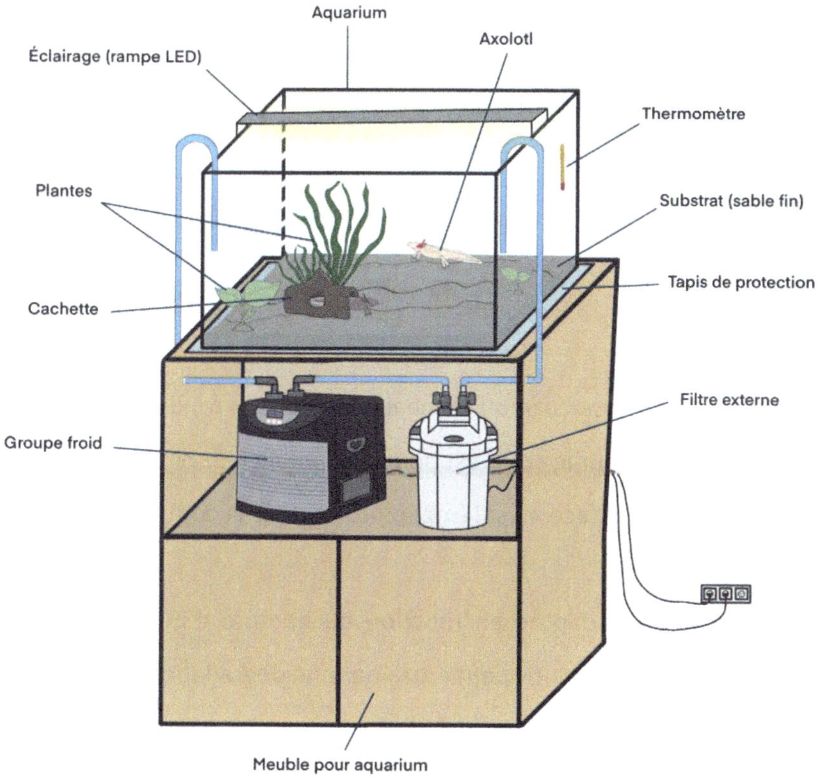

Schéma illustrant une exemple d'équipements pour accueillir des axolotls

a. L'aquarium

L'axolotl est un animal aquatique et devra donc être hébergé dans un aquarium (et non un vivarium ou terrarium).

Aquarium

Toutefois, pensez que l'axolotl vit beaucoup dans le fond de l'aquarium, il se déplace surtout sur le sol, c'est pourquoi, privilégiez plutôt un aquarium en fonction de la surface au sol (m2) plutôt que de la contenance (L).

La taille doit être adaptée en fonction du nombre d'individus, car une densité excessive d'axolotls peut entraîner une dégradation des conditions de l'eau et donc apporter des maladies mais aussi engendrer un risque de comportement cannibale parmi les axolotls.

Un aquarium de minimum **100 (L) x 40 (l) x 40 (h)** cm est recommandé pour deux axolotls adultes. Ce qui correspond à une surface au sol de 0,40 m^2 et un volume d'environ 160 L au total.

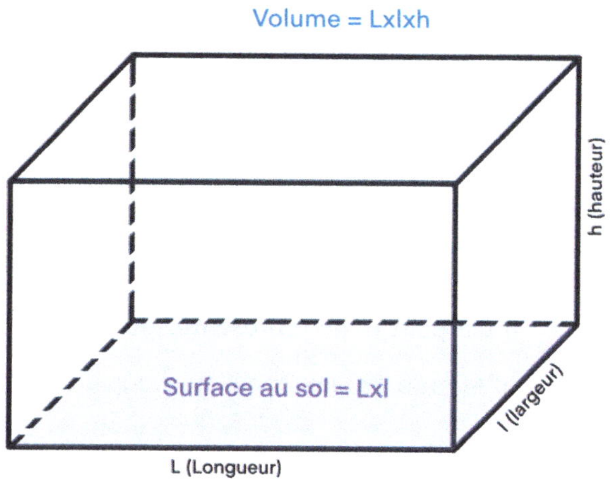

Schéma pour calculer la surface au sol et le volume d'un aquarium

Remarque : Ces données sont des recommandations minimales, vous pouvez bien sûr proposer des aquariums plus spacieux à vos axolotls. Et nous vous y incitons !

A noter, que plus le volume d'eau de l'aquarium est grand, plus les paramètres de l'eau restent stables. En revanche, avec un volume plus réduit, il y a plus de risques de rencontrer des problèmes tels que des variations brusques de température ou une concentration élevée de déchets et donc de mauvaises conditions de l'eau ce qui pourrait entraîner des soucis de santé pour les axolotls. D'où l'intérêt encore une fois de disposer d'un aquarium suffisamment grand et spacieux pour vos axolotls.

Vous pouvez trouver des aquariums adaptés dans des magasins spécialisés en aquariophilie ou sur des sites internet spécialisés tels que https://www.aqua-store.fr/ , https://www.aquaplante.fr/ , https://www.floraquatic.com/ etc… ou encore sur des sites plus généralistes tels que https://www.amazon.fr/ entre autres. Vous pouvez aussi en trouver d'occasion sur des sites tels que https://www.leboncoin.fr/.
Le prix des aquariums varie selon qu'ils soient vendus en cuve seule, avec un meuble, avec des appareils intégrés, en fonction de leur taille et contenance, etc … Cela peut donc représenter un coût pouvant aller de plusieurs centaines d'euros à plusieurs milliers d'euros.

Il est recommandé de mettre un grillage, filet ou autre **système anti sauts** sur l'aquarium pour éviter que vos axolotls ne sautent en dehors et ne se blessent et voire même ne se tuent. Ce genre de filet coûte autour de 10-50€ (cela va dépendre s'il s'agit d'un système simple à monter soit même ou si c'est un système plus élaboré).
Ces systèmes anti-saut peuvent également s'avérer utiles si vous avez des chats et ainsi éviter qu'ils ne viennent "pêcher" vos axolotls.

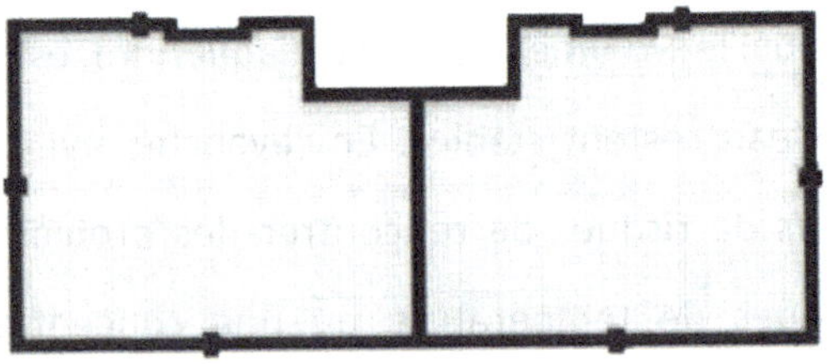

Filet de protection anti sauts (red sea)

Assurez-vous de bien réfléchir à l'emplacement de votre aquarium. Le **meuble** ou la surface sur laquelle il sera posé doit être suffisamment grand (l'aquarium ne devrait pas dépasser sur les côtés) et être assez résistant pour supporter le poids de l'aquarium (incluant l'eau et les équipements qu'il contient). Cela peut représenter environ 300 kg pour un aquarium de 200L par exemple.

Des meubles spécialement conçus pour les aquariums sont disponibles sur les sites mentionnés plus haut ou dans des magasins spécialisés.

Attention : N'oubliez pas de prendre en compte le poids total (aquarium rempli d'eau et d'accessoires + meuble avec accessoires potentiels) ; cela peut représenter des masses élevées et votre sol ou plancher doit être en mesure de le supporter.

Meuble avec aquarium

En outre, pour la plupart des aquariums, il est généralement recommandé d'utiliser un **tapis** spécial à positionner sous l'aquarium avant son installation. Il est parfois fourni avec l'aquarium, ou peut être acheté séparément (généralement pour 5-10€). Ce tapis vise à prévenir tout risque de bris de l'aquarium et d'éparpillement de son contenu.

En effet, le verre est un matériau particulièrement délicat, susceptible d'être affecté par la moindre irrégularité du support (meuble non totalement plat, grains de sable coincés entre le support et l'aquarium...). Cela conduit à une distribution inégale du poids, qui sera alors concentré sur ces quelques points d'irrégularité. Ce phénomène crée une tension qui, avec le temps, peut s'accentuer et provoquer une fissure.

Pour éviter ce scénario, il est préconisé d'utiliser un tapis pour aquarium, capable d'absorber les irrégularités du support et d'assurer un appui parfaitement plat à l'aquarium.

Sélectionnez un tapis adapté à la taille de votre aquarium, ou légèrement plus grand que vous découpez ensuite à la taille souhaitée.

Tapis pour aquarium JBL

Il est en réalité également envisageable d'héberger un axolotl en bassin, mais il est plus compliqué de contrôler les paramètres de l'eau ainsi que les éventuels dangers extérieurs (prédateurs, intempéries, etc...).

Bassin en extérieur

b. Définir l'emplacement de votre aquarium

Concernant l'emplacement:

- L'aquarium doit être placé dans un endroit au **calme** et pas dans une zone de passage car les axolotls peuvent être facilement stressés. Évitez donc l'entrée de la maison ou les couloirs passants.
- Il **ne doit pas être directement exposé aux rayons du soleil** pour éviter toute surchauffe de l'eau et la prolifération d'algues. On ne le mettra **pas non plus près d'un chauffage**.
- Il doit être assez **proche d'une prise de courant** pour faciliter les branchements des différents appareils tels que le filtre et le groupe-froid (que nous aborderons plus loin). Attention néanmoins à ce que la prise ne puisse pas être mouillée.
- Il doit être **facile d'accès** pour faciliter son entretien.
- Enfin, faites-vous plaisir en le mettant à un endroit où vous pourrez profiter de contempler vos nouveaux amis aquatiques.

Attention : Une fois que vous avez choisi l'emplacement de votre aquarium et l'avez rempli d'eau, il est préférable de ne pas le déplacer afin d'éviter tout incident. Des solutions existent malgré tout pour déplacer un aquarium mais cela demande du temps, de la logistique et beaucoup de prudence. Sélectionnez donc soigneusement l'endroit de votre aquarium dès le démarrage. De plus, si votre profession ou style de vie vous contraint à déménager fréquemment, la gestion d'un aquarium pourrait rapidement devenir compliquée.

c. Transporter l'aquarium

Le déplacement d'un aquarium demande une attention particulière. En effet, ce dernier est généralement lourd, encombrant, et surtout, très fragile. La **livraison** à domicile est la solution idéale pour acquérir un aquarium. Cependant, si cette option n'est pas réalisable, certaines précautions doivent être prises lors de son transport. Un aquarium doit toujours être transporté à plat. Cette position garantit une répartition uniforme du poids, limitant ainsi les risques de fissures ou de bris du verre. Pour une protection optimale, utilisez des couvertures ou des plaques de polystyrène expansé. Ces matières amortissantes protègeront le verre contre les chocs et les vibrations durant le déplacement.

Une fois que vous avez réussi à acheminer l'aquarium chez vous, une étape cruciale reste à accomplir : vérifier l'intégrité du verre de l'aquarium. Assurez-vous qu'aucune fissure n'est visible et que l'étanchéité de l'aquarium est parfaite. Pour ce faire, remplissez-le d'eau et observez attentivement s'il n'y a pas de fuites.

d. Remplir son aquarium : Quelle eau utiliser ?

L'eau que vous utilisez pour remplir votre aquarium est essentielle pour la santé de vos axolotls.

Pour remplir votre aquarium, utilisez de l'**eau du robinet**. En effet, l'eau du robinet a pour avantage de contenir des minéraux essentiels dont les axolotls ont besoin pour leur santé, comme le calcium par exemple. De plus, en France et dans de nombreux autres pays, l'eau du robinet est traitée pour éliminer les bactéries et les autres micro-organismes potentiellement nocifs, ce qui la rend sûre pour les axolotls du point de vue microbiologique.

Eau du robinet

Cependant, il y a aussi des considérations importantes à prendre en compte. L'eau du robinet contient souvent du chlore ou des chloramines pour la désinfection, qui sont toxiques pour les axolotls et d'autres animaux aquatiques. Pour cette raison, Il faudra laisser reposer cette eau environ **24h** pour que le chlore s'évapore, on parlera alors "d'**eau reposée**".

A noter que selon la région en France, la quantité de chlore dans l'eau du robinet peut varier. C'est pourquoi on adaptera le temps de repos en fonction. La durée de repos peut donc aller de 12h à 48h selon sa concentration en chlore.

Astuce : Pour connaître la concentration en chlore de votre eau du robinet, vous pouvez vous renseigner auprès de votre mairie ou vous rendre sur les sites suivant:
https://www.quechoisir.org/carte-interactive-qualite-eau-n21241/
https://sante.gouv.fr/sante-et-environnement/eaux/eau

Afin d'accélérer le processus d'évaporation du chlore dans l'eau, vous pouvez utiliser un bulleur. C'est un appareil qui permet de créer des bulles dans l'eau grâce à une pompe à air. Les prix varient de 5 à 30€ environ mais vous pouvez ainsi gagner sur le temps de repos de votre eau.

Bulleur - pompe à air

Afin de vous assurer que votre eau est bien reposée et donc dépourvue de chlore, utilisez un test de Chlore avant d'ajouter l'eau à votre aquarium. Cela coûte environ 10€ pour les systèmes de base à gouttelettes ou bandelettes ou environ 30€ pour les appareils électroniques.

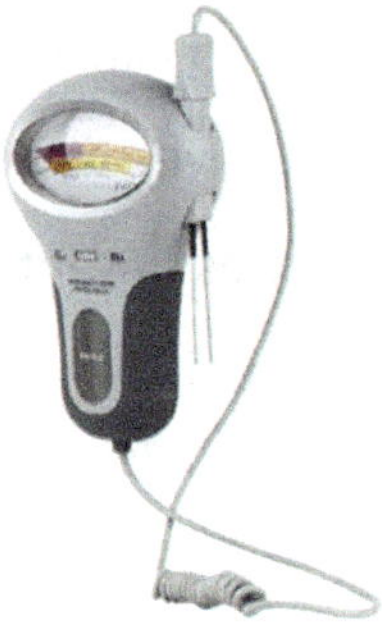

Test de chlore en gouttelettes vs test chlore électronique

e. Température de l'eau : Comment la maintenir ?

L'axolotl est un "**poïkilotherme"** (dit à sang froid), c'est-à-dire que sa température dépend directement de la température de l'eau dans laquelle il vit. Les fluctuations de la température de l'eau ont donc un effet direct sur le métabolisme de l'axolotl.

La température de l'eau idéale est entre **15-18°C** et l'eau ne doit **jamais dépasser les 22°C**.

Pour mesurer la température de l'eau de votre aquarium, vous devez vous munir d'un **thermomètre pour aquarium**.

Il en existe des "mécaniques" qui se collent avec une ventouse dans l'aquarium et sur lequel il faut lire la mesure, ils coûtent autour de 1-5€. Il existe également des thermomètres "digitaux" qui fonctionnent avec une sonde à mettre dans l'aquarium et avec un écran digital qui affiche directement la température et qui coûte autour de 10€.

Thermomètres pour aquarium

Afin d'éviter toute surchauffe de l'eau et notamment en période estivale, il est crucial de choisir avec soin un emplacement au frais pour votre aquarium et/ou anticiper des équipements qui permettront de maintenir directement une eau fraîche dans votre aquarium.

Mettre son aquarium dans une cave peut être un choix intéressant car elle conserve plus facilement la fraîcheur.
Vous pouvez également installer un système permettant de refroidir la pièce tel qu'une climatisation ou alors un système pour refroidir l'eau directement tel qu'un groupe froid.

Le **groupe froid** reste la **solution la plus efficace** pour assurer un refroidissement de l'eau. Ce dispositif se connecte à votre système de filtration externe (que nous aborderons en détail dans la suite de ce livre) et permet de refroidir l'eau automatiquement, selon la température que vous avez renseignée et sans nécessiter ensuite votre intervention.
Il est possible de le faire fonctionner non-stop, ainsi vous n'aurez pas à vous inquiéter du réchauffement excessif de votre aquarium.
La taille du groupe froid n'importe pas, l'important se trouve dans sa puissance et son débit. En effet, le groupe froid doit avoir un **débit par heure équivalent à la quantité d'eau contenue dans le bac x5** : par exemple, pour un aquarium contenant 200 litres d'eau, le système doit brasser 1 000 L/h.
Il existe plusieurs marques de groupe froid tels que Eheim, Aquavie ice, Teco, Hailea, Blue marine,etc ...

Groupes Froid: Eheim Electronic 1200 (600-1000L/h), Boyu (600-2000L/h), Blue Marine (1000-2500L/h)

Un groupe froid, selon sa capacité, peut coûter plusieurs centaines d'euros et aller jusqu'à plusieurs milliers pour les plus puissants.

Il existe d'autres moyens de refroidir l'eau de votre aquarium comme les **rampes de ventilateurs** qui se fixent directement sur les bords de l'aquarium et vont permettre d'abaisser la température de quelques degrés,

mais ces derniers sont souvent insuffisants en cas de grosses chaleurs. De plus, elles ont tendance à entraîner une évaporation de l'eau.
Leur coût est cependant moins cher qu'un groupe froid: 50€-200€.

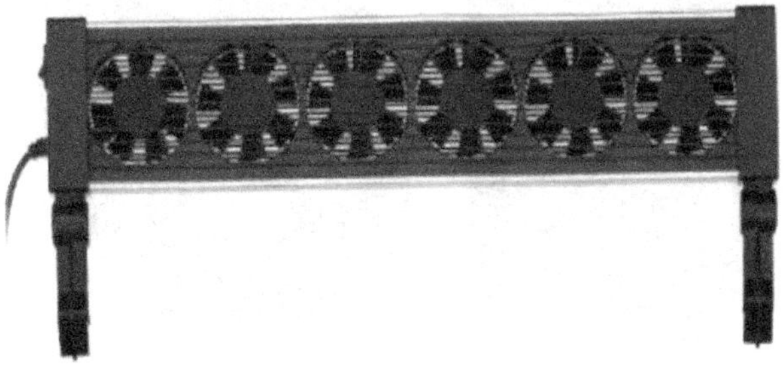

Rampe de ventilateurs pour aquarium (aqua medic)

Si vous ne disposez ni de climatisation ni de groupe froid, l'utilisation d'un ventilateur sur pied dirigé vers la surface de l'eau de votre aquarium peut offrir une solution temporaire à une légère hausse de la température. Cependant, cette méthode offre une efficacité limitée et ne devrait être utilisée qu'en cas de légère chaleur ou en attendant la mise en place d'une solution plus adaptée.
Une autre technique d'urgence consiste à utiliser des bouteilles d'eau congelées que vous plongerez dans l'eau de l'aquarium pour la refroidir. Cette méthode exige une surveillance constante et peut entraîner des variations brusques de la température, ce qui n'est pas idéal. Utilisez cette solution uniquement en dernier recours et de manière provisoire, en attendant l'installation d'un système de refroidissement plus efficace.

L'axolotl est très sensible aux changements brusques de températures et surtout à la chaleur qui peut lui être fatale. En revanche le froid est "moins" dangereux, en effet plus la température est basse plus l'axolotl est léthargique (sorte de sommeil profond) et son métabolisme se ralentit, il mange alors moins.

Si le froid reste moins dangereux, une eau glacée reste elle très dangereuse et peut causer des brûlures et la mort de vos axolotls.

En cas d'extrême chaleur voici quelques conseils :

- Retirez le couvercle de l'aquarium si vous en avez un et remplacez-les par des grilles/filets pour laisser davantage l'air circuler.
- Surveillez la température de l'eau régulièrement, notamment grâce à votre thermomètre.
- Fermez les fenêtres et volets la journée et ouvrez-les la nuit.
- Si vous avez des néons, ne les allumez pas et privilégiez les lampes led.
- Changez l'eau pour de l'eau fraîche n'est pas une bonne idée !! Vos animaux risquent un choc thermique et l'équilibre de l'eau de votre aquarium risque d'être bouleversé et donc de générer une toxicité pour vos axolotls.
- Installez un système de refroidissement adapté (climatisation de la pièce, groupe froid pour l'eau de l'aquarium).
- On ne place évidemment pas ses axolotls au congélateur sous prétexte de vouloir les refroidir !

f. Quel substrat utiliser pour votre aquarium à axolotls?

Le substrat est un matériau utilisé pour recouvrir le fond de l'aquarium. Il peut s'agir de différents types de sable, de graviers, galets ou de tout autre matériau non toxique adapté à l'utilisation en aquarium.

Le substrat joue plusieurs rôles essentiels dans l'aquarium :

- Il permet aux axolotls d'être confortables et de se déplacer plus facilement.
- Il permet d'éviter la réflexion de la lumière sur la paroi vitrée du sol.
- Il constitue un support de croissance pour les plantes, fournissant un endroit où les racines peuvent s'ancrer.
- C'est un lieu de colonisation de bactéries qui sont essentielles au bon équilibre de l'aquarium.

On optera pour un **substrat naturel** plutôt qu'en plastique, car ce dernier peut dégager des produits toxiques pour les animaux aquatiques.

On privilégiera un substrat de couleur naturelle et sombre pour éviter les reflets de lumière sur le sol en verre et avec une texture lisse, uniforme, non rugueuse et non coupante pour éviter de blesser l'axolotl lorsqu'il se déplace dessus où s'il l'ingère.

Les petits graviers, les billes en verre, le quartz, et les cailloux tranchants sont donc à exclure car l'axolotl pourrait les ingérer par mégarde et/ou se blesser avec.

Il est possible d'utiliser des gros galets lisses et non coupants, mais attention, l'axolotl ne doit pas pouvoir les avaler ! Car bien que l'axolotl ait une bouche ouverte très large, son cloaque n'a pas la même capacité, il ne pourra alors pas les évacuer ce qui peut entraîner une occlusion.
Les galets utilisés doivent donc être supérieurs à la taille de la tête du l'axolotl soit plus de 5 cm.

Le **sable fin** reste la solution la plus optimale car en plus d'être adapté à l'axolotl il est plus pratique pour les plantes car elles sont plus faciles à planter et l'enracinement sera plus aisé.

Néanmoins, la **granulométrie**, c'est-à-dire la dimension des grains doit être la plus fine possible : 2 mm maximum pour les jeunes axolotls entre 10 et 20 cm, et de 3 mm maximum pour les adultes de plus de 20 cm.
Les axolotls, en aspirant leur nourriture, avalent souvent du sable, et un substrat trop gros pourrait causer des lésions internes, voire de rester coincé à l'intérieur.

On pourra aussi parfaitement faire un mixte de différents substrats tels que deux types de sable fin et quelques galets par exemple.

L'épaisseur idéale de substrat à tapisser au fond de l'aquarium doit être de **5-10 cm** pour éviter que l'axolotl ne déracine les plantes.

Il est important de garder le substrat de votre aquarium "propre". Pour ce faire, le substrat doit être remué de temps en temps pour permettre l'évacuation des gaz de décomposition ainsi que des déchets qui peuvent

s'accumuler et nuire aux axolotls. Cela se fait généralement avant le changement d'eau ou le nettoyage de l'aquarium.
En outre, l'introduction de plantes naturelles peut aider à maintenir l'aération du substrat grâce à leurs racines.

> Attention : Il est fortement déconseillé de placer quoi que ce soit sous votre substrat, contrairement à ce qui est couramment fait dans les aquariums. Cela inclut l'engrais, la tourbe et les substrats tout-en-un, car ils peuvent être nocifs pour les axolotls car ils peuvent contenir des métaux lourds (zinc, cuivre,...) toxiques pour les axolotls, ou avoir un impact sur le bon équilibre de l'aquarium.

Vous trouverez des substrats adaptés en magasin spécialisés, sur internet et même dans certains magasins de jardinerie/bricolage/animalerie.
Pour obtenir un substrat d'une épaisseur minimale de 5 cm dans un aquarium de 100 cm (L) x 40 cm (l) et 40 cm (h), vous allez avoir besoin d'environ 40 kg de sable fin. Un sac de 10 kg de sable fin coûte autour de 20€.

Exemples de substrats adaptés pour un aquarium à axolotl : sable fin de loire, sable JBL sansibar, microbilles aquaterratec, microbilles aqualux concept

Substrats de sables fins pour aquarium à axolotls

Avant de placer le substrat dans l'aquarium, pensez à le rincer afin d'éliminer les résidus potentiels qui pourraient troubler l'eau de votre aquarium et boucher votre système de filtration. Pour cela vous pouvez mettre le substrat dans un seau d'eau, remuez le sable puis évacuez l'eau, répéter l'opération plusieurs fois et ce tant que l'eau qui ressort n'est pas limpide. Vous pouvez utiliser une passoire très fine pour vous aider dans la manœuvre.

Remarque : Dans certains cas, on évitera d'utiliser du substrat : notamment lorsque l'Axolotl est petit (moins de 10 cm), car il risquerait d'en ingérer et de souffrir d'occlusion. On évitera aussi d'en disposer dans les bacs infirmerie qui servent à effectuer des soins, car le nettoyage quotidien deviendrait difficile. (*pas d'inquiétude, les bacs infirmerie seront abordés plus en détail dans la suite de ce livre*).

g. Quelles plantes mettre dans son aquarium avec ses axolotls ?

Les **plantes naturelles** jouent un rôle crucial dans l'écosystème d'un aquarium, apportant une multitude de bénéfices aussi bien pour l'environnement de l'aquarium que pour ses habitants :

- Elles contribuent à ce que l'on appelle le cycle de l'azote (*ce sujet sera abordé plus en détail dans la suite de ce livre*), c'est à dire qu'elles participent à l'équilibre de l'eau.
- Elles permettent d'oxygéner l'eau grâce au processus de la photosynthèse. Elles consomment du CO_2 et produisent de l'oxygène O_2.
- Elles permettent d'aérer le substrat grâce à leurs racines.
- Elles freinent l'expansion des algues en consommant les nutriments dont ces dernières ont besoin pour leur croissance.
- Elles sont mieux adaptées pour les axolotls que les plantes en plastiques qui peuvent être coupantes ou abrasives.
- Elles vont également agrémenter le terrain de jeux des axolotls qui adorent s'y percher et y pondre leurs œufs.

Cependant, toutes les plantes ne pourront pas s'épanouir dans l'eau fraîche des axolotls.

On choisira donc des plantes **robustes**, qui **supportent des températures en dessous de 20°C**, qui ont une **croissance assez rapide** (pour concurrencer les algues), qui n'ont **pas besoin de lumière intense, ni d'engrais ou de sol technique ou encore d'ajout de CO_2.**

Si vous optez pour des plantes naturelles, elles auront tout de même besoin d'un minimum de lumière pour effectuer la "**photosynthèse**" qui va alors permettre de produire l'oxygène.
La lumière à privilégier est celle naturelle du soleil mais cela va dépendre de la luminosité de votre pièce. Sinon il faudra utiliser des lampes ou des rampes à LED. On évitera les néons qui ont tendance à chauffer l'eau.

Les plantes adaptées pour les aquariums peuvent se trouver en magasin spécialisés et sur internet. Les prix varient selon les types et tailles de plantes.
Pensez à bien sélectionner des plantes compatibles avec les paramètres d'un aquarium à axolotl. Choisissez des plantes jeunes et saines (tige ferme, couleurs vives).
Transportez-les dans un sac prévu mais ne les laissez pas trop longtemps et ne les laissez pas en plein soleil ou à des températures trop élevées.

Voici quelques exemples de plantes naturelles pour un aquarium à axolotls : Anubias, Elodée, Azolla Caroliniana, Lemna minor, Vesicularia montagnei, Vallisneria spiralis, Vallisneria Asiatica, Vallisneria gigantea, Egeria densa, Mousse de java, Echinodorus bleheri, Ludwigia Repens, Lilaeopsis brasiliensis, Lysimachia Nummularia, Hydrocotyle leucocephala, Ceratophyllum demersum, Cladophora aegagrophila (Marimo balls)

Anubias disposées sur une cachette

Marimo Ball (boule de mousse aquatique)

Lemna Minor

Remarque : Vous pouvez aussi ajouter des plantes qui se cultivent immergées, c'est-à-dire où seules les racines trempent dans l'eau et le reste est à l'extérieur. Voici quelques exemples : Alocasia sanderiana, Anthurium, Asparagus, Chlorophytum, Cyperus involucratus, Epipremnum aureum, Spathiphyllum

Avant d'introduire des nouvelles plantes dans votre aquarium:

- Retirez les pots et les mousses qui entourent les racines.
- Tailler les feuilles abîmées et les racines sur 1 ou 2 cm.
- Rincez les plantes avec de l'eau reposée et vérifiez qu'il n'y ait pas d'escargots ou autres insectes ou parasites qui pourraient contaminer votre aquarium.
- Enfin plantez les plantes dans votre substrat. (Vous pouvez vous aider de pinces dédiées). Vous pouvez stabiliser les plantes avec des gros galets plats (suffisamment gros pour que les axolotls ne les avalent pas) le temps que les racines se forment et s'étendent dans le substrat. A noter que l'eau peut se troubler, à cause des remous du sable.
- Certaines plantes n'ont pas besoin d'être plantées dans le substrat et pourront être accrochées aux décors ou cachettes à l'aide de fil de nylon ou de colle spéciale aquarium.
- Une fois les plantations terminées, prévoyez une épuisette pour ramasser les débris de plantes.

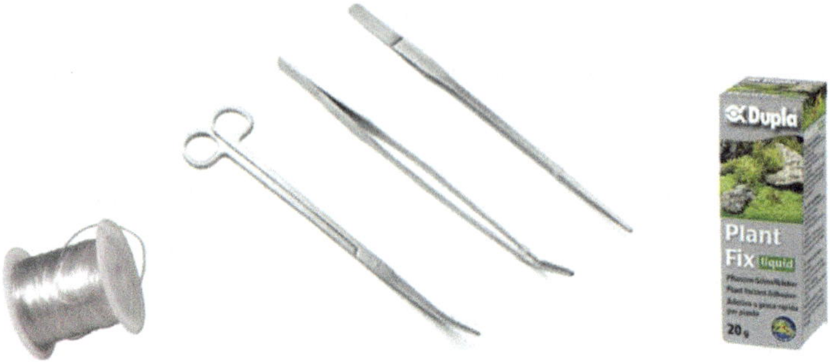

Accessoires pour fixer vos plantes en aquarium

(Fil de nylon, pinces, colle pour aquarium)

Il est possible de compléter avec des plantes artificielles mais ces dernières n'ont qu'une utilité décorative.

Elles doivent évidemment être adaptées pour les aquariums et ne doivent pas causer de blessures aux axolotls. On privilégiera donc les plantes en soie plutôt qu'en plastique.

Elles ont néanmoins l'avantage d'être plus facile à retirer et rincer, elles restent intactes, ne requièrent aucun éclairage et n'engendrent pas de déchets.

Attention, il ne faut pas désinfecter ou laver les plantes avec de la javel ou autres produits chimiques qui seraient ensuite relâchés dans l'eau de l'aquarium.

h. Quel éclairage choisir ?

L'axolotl étant essentiellement nocturne, il n'a pas besoin de beaucoup de luminosité et ne supporte pas une lumière trop forte et directe.
Néanmoins, si l'axolotl n'a pas besoin de beaucoup de lumière, les plantes naturelles qui jouent un rôle dans l'équilibre de l'eau de l'aquarium, elles, en ont besoin.

La **lumière naturelle est idéale**, mais attention de ne pas mettre votre aquarium en plein soleil ce qui pourrait chauffer l'eau, être nocif pour vos axolotls ainsi que pour les plantes et l'équilibre de l'aquarium.

Attention : Les aquariums en verre ont tendance à intensifier la luminosité, d'où l'intérêt notamment de disposer un substrat foncé au fond de l'aquarium afin de limiter cet effet.

Il est aussi possible d'utiliser un **éclairage artificiel** si les conditions de votre habitation ne permettent pas un bon éclairage naturel (ou si vous avez mis votre aquarium dans une cave pour la fraîcheur par exemple). Pour cela on peut mettre des **lampes ou rampes LED** pour éclairer l'aquarium et permettre aux plantes de se développer mais on évitera les lampes néons qui chauffent l'eau. Tous les éclairages utilisés doivent évidemment être adaptés à un aquarium en étant étanches.

Le choix de l'éclairage artificiel dépendra surtout de la surface d'aquarium à couvrir et des plantes que vous y avez mises.
Ce type d'éclairage se trouve sur internet ou dans des magasins d'aquariophilie, les prix varient selon la taille et les performances des lampes pouvant aller de 5€ à 300€.

Pour bien choisir vos lampes ou rampes LED, voici quelques explications et conseils :

- L'indication en **kelvins (K)** d'une lumière correspond à sa **température de couleur**. Elle est utilisée pour décrire la tonalité de la lumière émise par une source lumineuse, du chaud au froid. Vos lampes doivent donc avoir un nombre de kelvins d'environ 5000-6500K, soit une lumière blanche, froide, légèrement bleutée, similaire à la lumière du soleil en milieu de journée.
- L'indication en **lumens (lm)** d'une lumière correspond à sa luminosité, sa **puissance lumineuse** perçue. Plus le nombre de lumens est élevé, plus la lumière est intense et lumineuse.
  Le nombre de lumens pour vos lampes LED doit être de 20 à 35 fois le nombre de litres d'eau dans votre aquarium soit 4000-7000 lm pour un aquarium de 200L.

Si aucune de ces deux données n'est communiquée sur votre rampe LED, il y a un grand risque que l'éclairage ne soit pas adapté à la maintenance de plantes aquatiques.

Exemple de marques adaptées : Chihiros, Nicrew, Eheim, JBL, Aqua Medic, Superfish, Bella Licht, ...

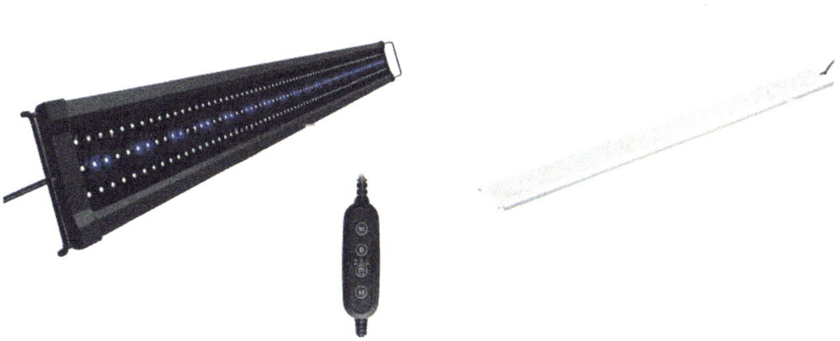

Rampes LED pour aquarium

Pour ce qui est de la durée d'éclairage, on se basera sur un **rythme naturel jour/nuit soit 8 à 12h d'éclairage par jour.**

L'éclairage étant donc principalement là pour les plantes, pensez à proposer des **zones d'obscurité à vos axolotls** grâce des cachettes, des plantes à grandes feuilles ou flottantes (Vallisneria, elodées) entre autres.

Attention : Il est déconseillé d'utiliser des couvercles d'aquarium avec des lumières intégrées car cela va chauffer et augmenter la température de l'eau. Sauf bien évidemment si vous habitez dans un pays, une région où la température ne monte pas haut même l'été ou si vous disposez d'un groupe froid performant pour votre aquarium, là il n'y aurait pas vraiment de souci.

i. Cachettes et décorations

Le stress est très présent chez les axolotls en captivité, c'est pourquoi il faudra leur proposer **des accessoires pour se cacher** (pierres, plantes, objets volumineux) en évitant les éléments rugueux ou tranchants qui pourraient abîmer la peau fragile de l'axolotl.

Axolotl caché

Les **dômes et tunnels** en terre cuite ou céramique en guise de cachettes sont par exemple une option intéressante.

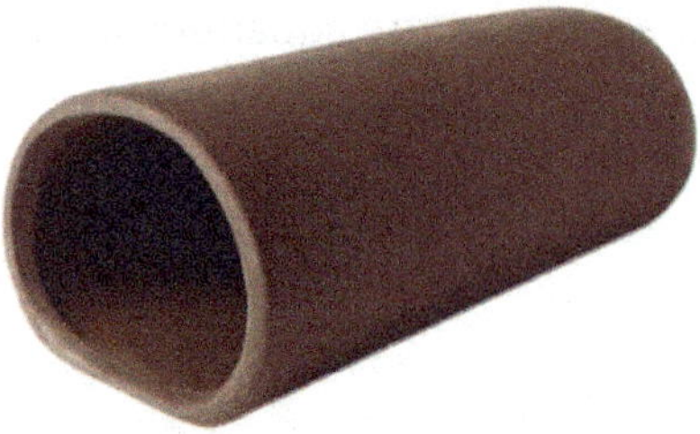

Cachette - Tube en terre cuite

Cachette - Dôme en terre cuite

Cachettes en céramiques

Ce genre de cachettes coûte autour de 10-20€ mais vous pouvez également créer vos propres cachettes avec des composants adaptés.
Exemples : cachette créée à partir d'un pot en terre cuite, une structure en plexiglass avec des cailloux, ... Toutefois pour créer vos propres cachettes, utilisez une colle spéciale aquarium.

Pour ce qui est de la décoration à proprement parler de l'aquarium, cela dépendra de vos goûts, mais veillez à ce que vos axolotls ne puissent **ni se blesser ni se coincer, ni avaler** quoi que ce soit. Évitez donc les décorations

tranchantes, les cavités trop étroites et les décors dont le diamètre est plus petit que la tête de vos axolotls.
Aussi, il faut éviter d'encombrer le sol d'éléments non indispensables, car les axolotls se déplacent essentiellement sur le sol de votre aquarium. Ainsi, ce genre de décoration n'apporte rien à vos axolotls et va de plus les priver d'espace.

Il est également déconseillé d'introduire de vraies racines ou du bois dans votre aquarium car le tanin qui s'en dégage peut déséquilibrer les paramètres de l'eau, de plus cela peut pourrir ou être porteur de parasites qui peuvent s'avérer dangereux pour vos axolotls.
Il existe néanmoins des bois plus adaptés que d'autres ainsi qu'une technique qui consiste à faire bouillir le bois pour limiter la production de tanin ou une autre qui consiste à recouvrir le bois de résine. Si vous souhaitez absolument mettre du bois ou des racines dans votre aquarium, renseignez-vous donc bien en amont sur la manière de les traiter pour qu'ils ne soient pas dangereux pour l'équilibre de votre aquarium et vos axolotls. La meilleure alternative pour éviter tout souci est de trouver des racines directement en résine.

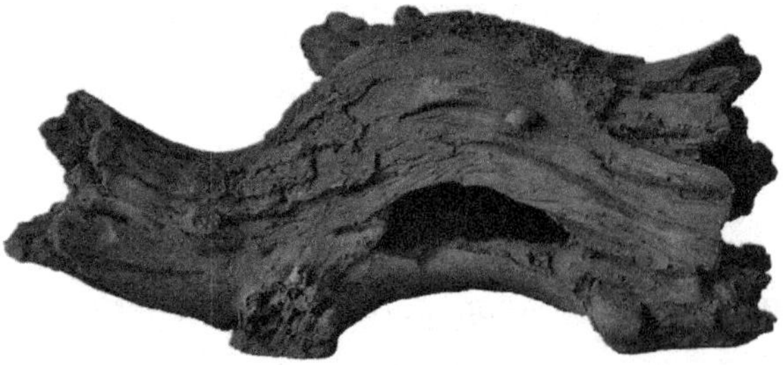

Racine en résine

j. Le système de filtration, un indispensable !

Le système de filtration est un élément essentiel de votre aquarium.
Il fonctionne en aspirant l'eau de l'aquarium et en la faisant passer à travers une série de masses filtrantes différentes avant de la renvoyer purifiée dans l'aquarium. Les masses filtrantes sont des matériaux spécialement conçus pour capter et retenir les impuretés, mais elles permettent également de stocker des bonnes bactéries permettant le maintien d'un bon équilibre de l'eau de l'aquarium.
Le système de filtration doit tourner 24h/24, on pourra l'éteindre uniquement pour le nettoyer et on ne le laissera pas sans fonctionner plus de 3h.

Les axolotls étant des grands producteurs de déchets organiques, il est fortement recommandé de mettre en place un système de filtration adapté dans votre aquarium. Ce dernier contribuera à maintenir l'équilibre biologique de l'aquarium et à créer un environnement sain pour vos axolotls.

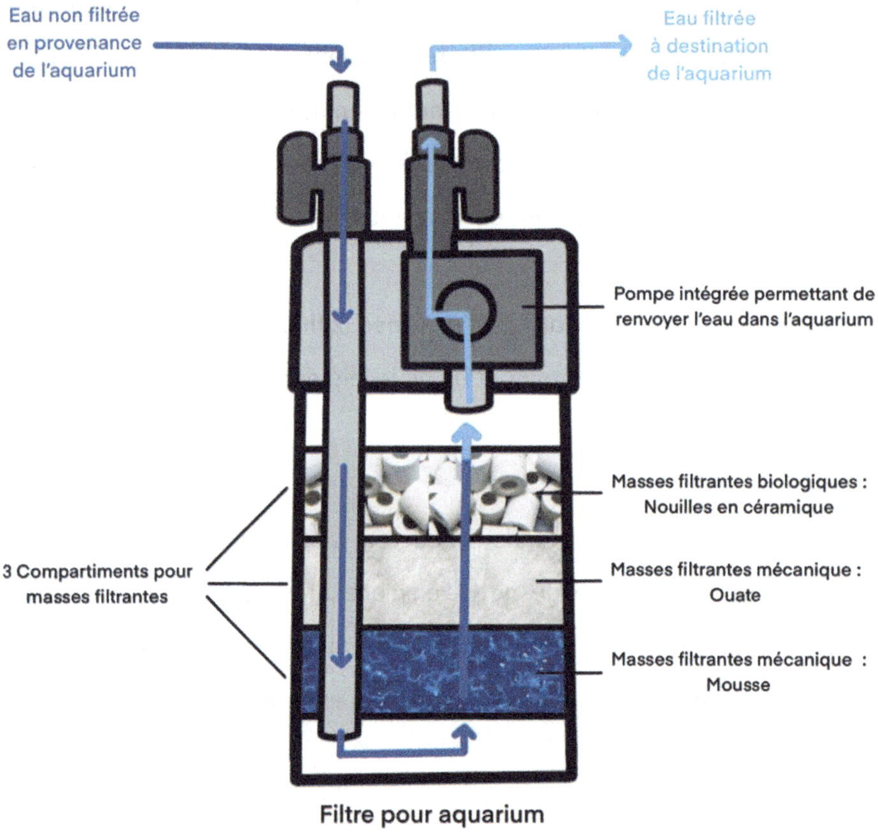

Schéma illustrant un exemple de filtre très simple avec uniquement 3 compartiments de masses filtrantes.

Les différents types de filtres

Il existe plusieurs types de systèmes de filtration différents mais les plus adaptés et efficaces pour les aquariums à axolotls sont :

1) **Filtre interne** :

Le filtre interne est un dispositif de filtration qui est placé **à l'intérieur de l'aquarium**, généralement fixé à la paroi avec des ventouses. Il est assez **petit** et dispose de **peu de masses filtrantes**. Le filtre interne est généralement plus adapté pour les **petits aquariums jusqu'à 200 L environ.** Les filtres internes sont **faciles à installer** et sont généralement **abordables** puisque leur prix tourne autour de 30-50€.
Néanmoins ils prennent de la place dans l'aquarium et peuvent parfois être bruyants.

Exemple de filtre interne Eheim

2) **Filtre externe** :

Le filtre externe est l'option la **plus coûteuse mais la plus efficace**. Les prix varient entre 50€ et 300€ selon la puissance et la capacité.
Ce type de filtre est placé à **l'extérieur de l'aquarium**, sous ou à côté de celui-ci. Il est relié à l'aquarium par des tuyaux qui permettent le passage de l'eau. Ils sont généralement plus puissants que les filtres internes et sont donc mieux **adaptés aux moyens et grands aquariums, de 200 L à plus de 500 L environ**.
De par leur plus grande taille, les filtres externes offrent une grande capacité de filtration et un large choix de masses filtrantes, ce qui permet de traiter une plus grande quantité d'eau et de maintenir une meilleure qualité de l'eau.
Il est aussi **plus facile à entretenir** car il est accessible sans avoir à mettre les mains dans l'aquarium. Cela facilite le nettoyage, le remplacement des masses filtrantes et l'entretien régulier du filtre.
Le filtre externe permet également de se coupler plus facilement à un groupe froid.
Ainsi ce type de filtre est plus efficace et pratique, néanmoins son **installation et sa configuration sont légèrement plus complexes** que pour un filtre interne, car cela nécessite notamment le placement des tuyaux.
De plus, étant situé à l'extérieur de l'aquarium, il nécessite un **espace supplémentaire à proximité** de l'aquarium pour être placé de manière appropriée.
Enfin, il existe un risque potentiel de fuites si les connexions ne sont pas correctement étanches, ou si les tuyaux sont endommagés.

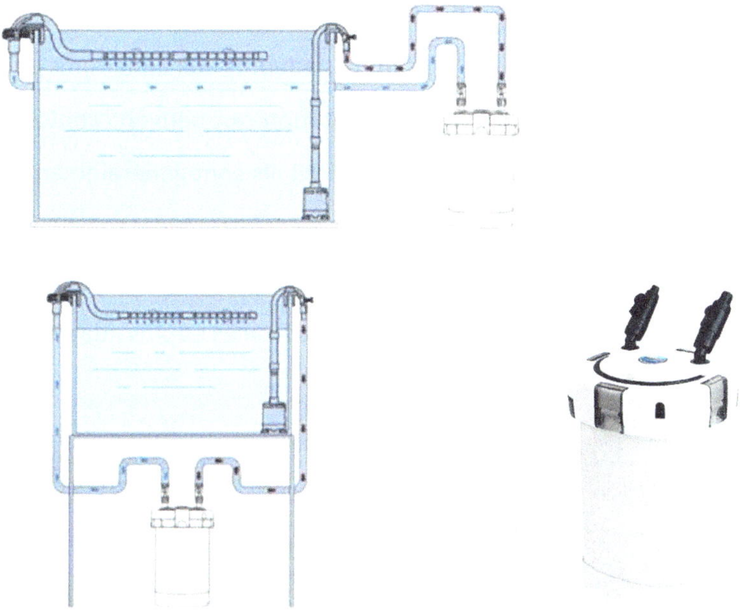

Schéma exemple pour un filtre externe Sun Sun 1000L

Autre exemple de filtre externe JBL

Il existe également d'autres types de filtres sur le marché tels que des filtres suspendus mais ces derniers ne sont pas adaptés aux aquariums de plus de 100L. Il existe aussi les filtres à décantation qui peuvent convenir à des aquariums de capacité moyenne (80-250L), ils sont généralement intégrés directement aux aquariums. En théorie un filtre à décantation pourrait convenir pour un aquarium à axolotl, mais on recommandera plutôt les filtres externes ou internes qui sont plus efficaces et plus adaptés.

Exemple de filtre à décantation AQUATLANTIS Biobox

Masses filtrantes

Quel que soit le type de filtre choisi, ce dernier va nécessiter des **masses filtrantes** afin de filtrer les impuretés de l'eau. Ces masses sont situées dans des compartiments dédiés **dans le système de filtration**. Certaines marques de filtres en intègrent avec la vente du filtre, sinon il vous faudra les acheter séparément.

A noter que plus la surface de masse filtrante est grande et la variété de masse filtrante importante, plus la filtration sera efficace. D'où l'intérêt de privilégier des filtres externes qui disposent de plus de compartiments et d'espaces pour les masses filtrantes.

Il existe différents types de masses filtrantes et ces dernières doivent idéalement être disposées dans un ordre précis dans le filtre du point d'entrée de l'eau vers sa sortie permettant ainsi d'assurer la meilleure filtration possible :

- Les masses filtrantes **mécaniques** :

  Leur fonction principale est de **traiter les particules en suspension** dans l'eau afin de la rendre claire et limpide. Elles permettent aussi de contenir des bonnes bactéries.

  La filtration mécanique doit être placée en premier, en commençant par la filtration la plus grossière jusqu'à la plus fine:

  - Mousse à grosses mailles pour capter les débris les plus gros, comme les restes de nourriture, les déchets de plantes et les excréments de poissons. Cette mousse empêche ces débris d'obstruer les couches de filtration plus fines qui suivent.
  - Mousse à mailles moyennes ou fines : Cette couche attrape les particules plus petites qui ont réussi à passer à travers le préfiltre.
  - Ouate ou perlon pour un filtrage plus fin pour les déchets et particules les plus fines.

Vous pouvez ajouter autant de masses filtrantes mécaniques que le filtre vous le permet. Par exemple on pourra mettre 2 mousses à grosses mailles puis 1 mousse à moyenne mailles puis 2 ouates.

- Les masses filtrantes **chimiques** (facultatives) : Leur rôle est de permettre une **action précise** sur un ou plusieurs paramètres de l'eau.

  Exemples : le charbon "actif" peut être utile quand un médicament a été utilisé dans l'aquarium, le charbon va alors capter les restes de médicaments et purifier l'eau. Il y a aussi des résines anti-phosphate, les résines anti-nitrates qui sont utilisées pour capter les phosphates et les nitrates. Ce genre de filtration reste néanmoins peu recommandé dans un aquarium à axolotl.

- Les masses filtrantes **biologiques:**

  Elles sont placées en dernier : Leur rôle est d'offrir un support pour abriter une grande quantité de **"bonnes" bactéries**. Ces bactéries jouent un rôle crucial dans le processus de filtration biologique en décomposant les substances toxiques telles que l'ammoniac et les nitrites. Ces masses filtrantes biologiques sont donc généralement des petits éléments poreux permettant aux bactéries de s'y nicher.

  Exemples : Nouilles en céramique, billes en argiles, roches volcaniques, verre fritté, billes plastiques ...

  Vous pouvez d'ailleurs cumuler plusieurs types de filtration biologiques. Par exemple, on peut mélanger dans un même bac des nouilles en céramique et des billes plastiques ou alors dans un bac avoir que des billes en plastique et dans le suivant des nouilles céramiques.

Pour un aquarium avec des axolotls, on recommandera donc un filtre externe avec les types de masses filtrantes suivantes :

- **Les mousses de filtration** (mousses à grands trous puis mousses à trous plus fins)

- **La ouate de filtration**

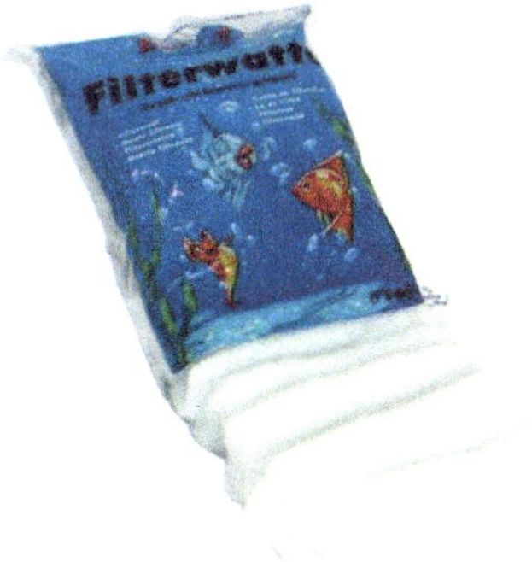

- **Les nouilles ou billes en céramique**

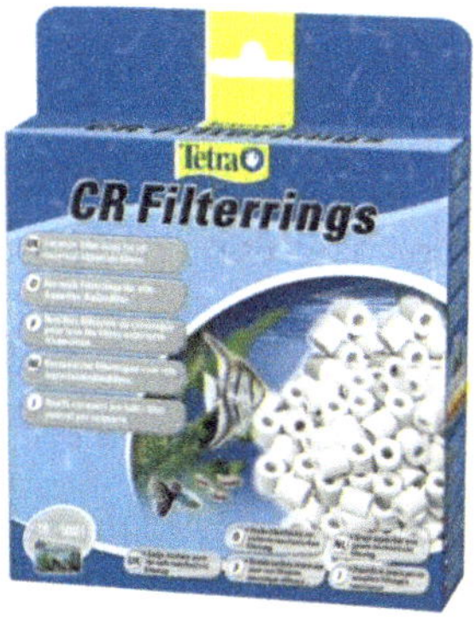

Astuce : Les vendeurs de filtres proposent souvent des mousses et ouates sous un format particulier (cartouche, rondins…) afin de vous inciter à acheter des recharges de la même marque que le filtre. Il est néanmoins plus économique d'acheter les mousses en plaque et la ouate en sac ou au mètre, puis de les découper à la forme adéquate. Pour les billes ou perles de céramiques, elles s'achètent généralement en sachet. Les prix sont très variables selon les marques et les formats, il vous faut donc comparer.

Il faudra toujours **nettoyer ses masses filtrantes et son filtre avec de l'eau de l'aquarium** car l'eau du robinet détruirait les bonnes bactéries qui s'y trouvent. Un nettoyage du filtre et des masses devra être effectué environ **1 fois par mois.**

Astuce : Le nettoyage des masses filtrantes se fait généralement en même temps que le changement d'eau mensuel, car l'eau retirée de l'aquarium pour être changée peut servir à nettoyer le filtre et les masses filtrantes.

Astuce : Les marques qui vendent des filtres et leurs propres masses filtrantes dédiées, vous incitent à les renouveler régulièrement. Or il faut savoir que les masses filtrantes n'ont normalement pas besoin d'être remplacées fréquemment, certaines peuvent même durer une vie entière si vous les nettoyez régulièrement. La seule raison qui peut vous pousser à les changer c'est si elles sont vraiment trop abîmées et qu'elles n'assurent plus leur rôle correctement.

Débit du Filtre

Bien que le système de filtration soit indispensable pour un aquarium contenant des axolotls, ces derniers n'aiment pas les courants et préfèrent une eau calme, car ils ne sont pas de grands nageurs et préfèrent se balader dans le fond de l'aquarium. Ainsi, lorsque vous utilisez un système de filtration, le débit doit être réglé au minimum.

Pour savoir si le débit est bon, référez-vous aux branchies de votre axolotl : si elles virevoltent, cela signifie qu'il y a trop de courant. Il faudra alors réduire le débit.

Il est possible de modifier le débit de la filtration directement sur l'appareil au niveau de la pompe (s'il le permet), sinon vous pouvez utiliser des dispositifs tels qu'une canne percée (tube en PVC ou verre doté de petits trous réguliers sur la longueur, cela permettra de réduire la vitesse du flux) ou d'un spray bar (c'est un accessoire qui permet de diriger le flux d'eau le long de la surface de l'aquarium. Cela crée un mouvement plus doux et moins direct, réduisant l'impact du courant. Les prix tournent autour de 20€). Certains filtres externes en fournissent directement avec le filtre.

Spray bar pour filtre externe

En général, il est conseillé de configurer **un débit du filtre par heure, équivalent à la quantité d'eau contenue dans le bac multiplié par 4** : donc pour un aquarium contenant 200 litres d'eau, le filtre devrait brasser 800 L/h.

Ainsi, pour conclure sur ce sujet on peut définir que le système de filtration d'un aquarium assure 3 grandes missions :

- Purifier l'eau en la débarrassant de ses impuretés physiques et chimiques,
- Assurer un équilibre des paramètres de l'aquarium grâce aux "bonnes" bactéries qui vont se loger dans les masses filtrantes,
- Brasser et aider à oxygéner l'eau de l'aquarium.

k. Les kits de tests pour aquarium

Les **kits de tests** pour aquarium sont indispensables car ils vont vous permettre de contrôler les paramètres de l’eau et ainsi s'assurer de sa bonne qualité.

Tests pour aquarium

Il existe deux principaux types de tests :

Les tests en **bandelettes** :

Il s’agit de petites bandes de papier qui prendront différentes couleurs en fonction des paramètres et qu’il faudra comparer à un nuancier.

Test à bandelette JBL

<u>Les tests en **gouttes**:</u>

Il faudra prélever de l'eau de l'aquarium puis ajouter le nombre de gouttes de réactifs indiquées sur la notice. L'eau prendra alors une couleur qu'il faudra comparer à un nuancier.

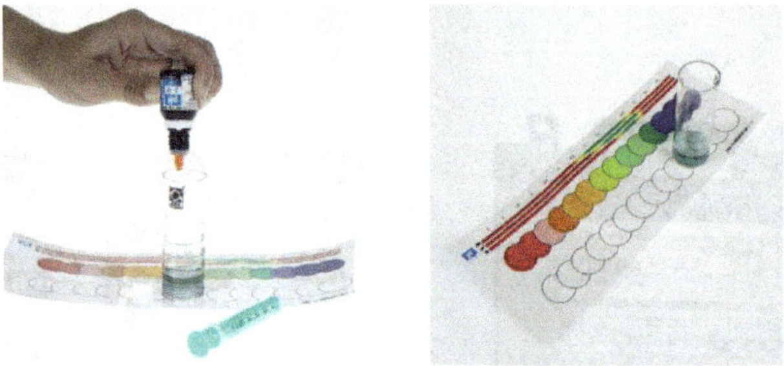

Test en gouttes JBL

Les tests en gouttes sont plus chers mais bien plus précis !

Il existe des tests en format individuel (pour tester un unique paramètre, exemple tester les nitrates NO_3^-), ainsi que des **kits de tests** complets sous forme de mallette. Il en existe de diverses marques mais la plus répandue et utilisée est JBL. Les prix varient de 40-120€ pour les kits et 10-20€ pour les tests individuels. On peut en trouver sur internet ou dans un magasin spécialisé.

> Astuce : Il existe désormais des applications mobiles qui peuvent vous aider à analyser vos tests, notamment l'application de JBL.

(Les paramètres de l'eau à tester seront abordés plus en détail dans la suite de ce livre).

I. Les autres accessoires utiles

En termes d'accessoires, vous aurez besoin de tout un **nécessaire de nettoyage** pour votre aquarium tels que :

- Des **éponges d'aquarium et/ou un nettoyeur magnétique** pour nettoyer les vitres de l'aquarium. On pourra également s'équiper d'un nettoyeur à lame pour gratter les saletés et dépôts d'algues sur la vitre et d'une perche télescopique à éponge ou raclette si l'aquarium est profond pour pouvoir accéder aux endroits difficiles.
- **D'épuisettes** : certaines pour ramasser les déchets flottants et d'autres dédiées à la manutention de vos axolotls pour les mettre par exemple en bac infirmerie le temps de nettoyer l'aquarium ou pour effectuer une isolation en cas de maladie ou blessure.
- **D'un siphon et ou aspirateur à eau** pour nettoyer le fond de l'aquarium et le substrat.
- De **goupillons de nettoyages** pour nettoyer les tuyaux des filtres et groupe froid.
- D'une **pince à planter** pour vous aider à manipuler les plantes.

Il existe des kits avec l'ensemble de ces éléments que vous pouvez trouver pour 10-20€ sur internet.

Equipements de nettoyage

Enfin, prévoyez au moins 2 **bacs plastiques** qui vous serviront de **bacs infirmerie** pour isoler vos axolotls durant le nettoyage de votre aquarium, pour les surveiller en cas de suspicion de maladie ou de souci de santé ou pour leur donner des soins spécifiques.

(L'utilisation des bacs infirmerie sera abordé plus en détail dans la suite de ce livre)

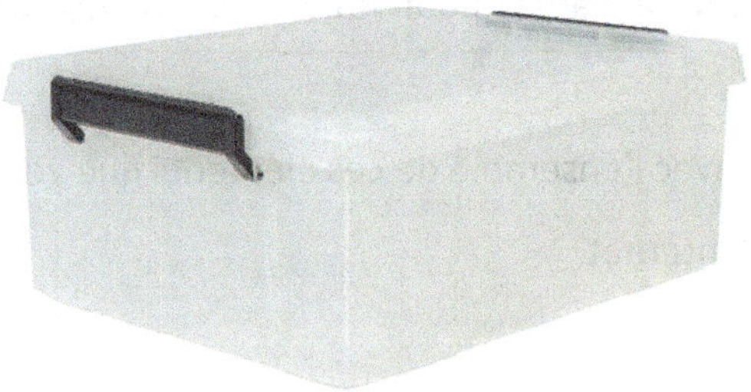

Bac plastique pouvant servir de bac infirmerie

Il vous faudra également une **trousse à pharmacie** avec quelques produits utiles mais nous verrons cela plus en détail dans la suite de ce livre.

2. Anticiper l'arrivée des axolotls, préparez votre aquarium

Avant d'aller chercher votre axolotl et de l'intégrer à votre foyer, accordez-vous environ un mois pour préparer adéquatement votre aquarium et équilibrer l'eau. Cette étape préparatoire est essentielle pour assurer le bien-être de votre futur axolotl.

a. Préparation de l'aquarium

Vous êtes désormais pleinement équipé pour accueillir votre/vos axolotls, vous avez donc choisi une taille d'aquarium adaptée au nombre d'axolotls que vous allez héberger, vous avez également prévu un système de filtration voire également un système de refroidissement, du substrat de sable fin, des plantes naturelles, des décors avec des cachettes non dangereuses et vous avez tout ce qu'il faut pour entretenir votre aquarium.

Mettez alors votre aquarium à l'emplacement idéal que vous avez sélectionné et positionnez-le sur votre support accessible et robuste.

Voici alors les **premières étapes à suivre pour préparer votre aquarium** :

1) Dans un premier temps rincez à l'eau claire l'aquarium puis nettoyez-le au vinaigre blanc, puis le rincer de nouveau abondamment.

2) Nettoyez bien le sable fin afin de lui retirer toutes les impuretés et les déchets. Puis disposez-le dans le fond de l'aquarium.
3) Remplir l'aquarium d'eau du robinet reposée (afin que l'eau soit bien dépourvue de chlore). Il sera judicieux d'anticiper cette étape en préparant de l'eau dans un seau un jour avant pour lui laisser le temps de reposer.
4) Disposez les plantes et les cachettes dans l'aquarium.
5) Installez les autres accessoires tels que le thermomètre.
6) Mettez en place l'éclairage (les rampes LED) si besoin.
7) Nettoyez les masses filtrantes à l'eau reposée pour retirer les éventuelles poussières ou impuretés et les installer dans votre filtre.
8) Installez le filtre et laissez-le tourner en continu. 24-48h plus tard l'eau sera normalement devenue claire.
9) Installez le groupe froid si nécessaire.
10) Munissez-vous de votre kit de tests pour aquarium.

Une fois ces premières étapes effectuées et avant de pouvoir mettre vos axolotls dans votre aquarium, il va falloir effectuer ce que l'on appelle le **rodage**, c'est la partie la plus longue et compliquée.
Pour comprendre comment on effectue le rodage d'un aquarium, il faut s'intéresser à une partie importante de l'aquariophilie : **Le cycle de l'azote.**

b. Le cycle de l'azote

Le **cycle de l'azote** est **primordial en aquariophilie**. Si vous ne faites pas attention à ce cycle, vos animaux aquatiques risquent de mourir.

L'aquarium est un environnement clos qui demande une grande attention. L'eau doit être contrôlée régulièrement pour s'assurer du bon environnement et du bien-être des axolotls.

L'objectif est de pouvoir maintenir des conditions adaptées à l'espèce tout en éliminant les déchets et éléments toxiques sans détruire les organismes et composants utiles à la pérennité d'un milieu sain et équilibré pour les animaux aquatiques.

Pour maintenir cet équilibre il faut avant tout comprendre ce que l'on appelle le cycle de l'azote :

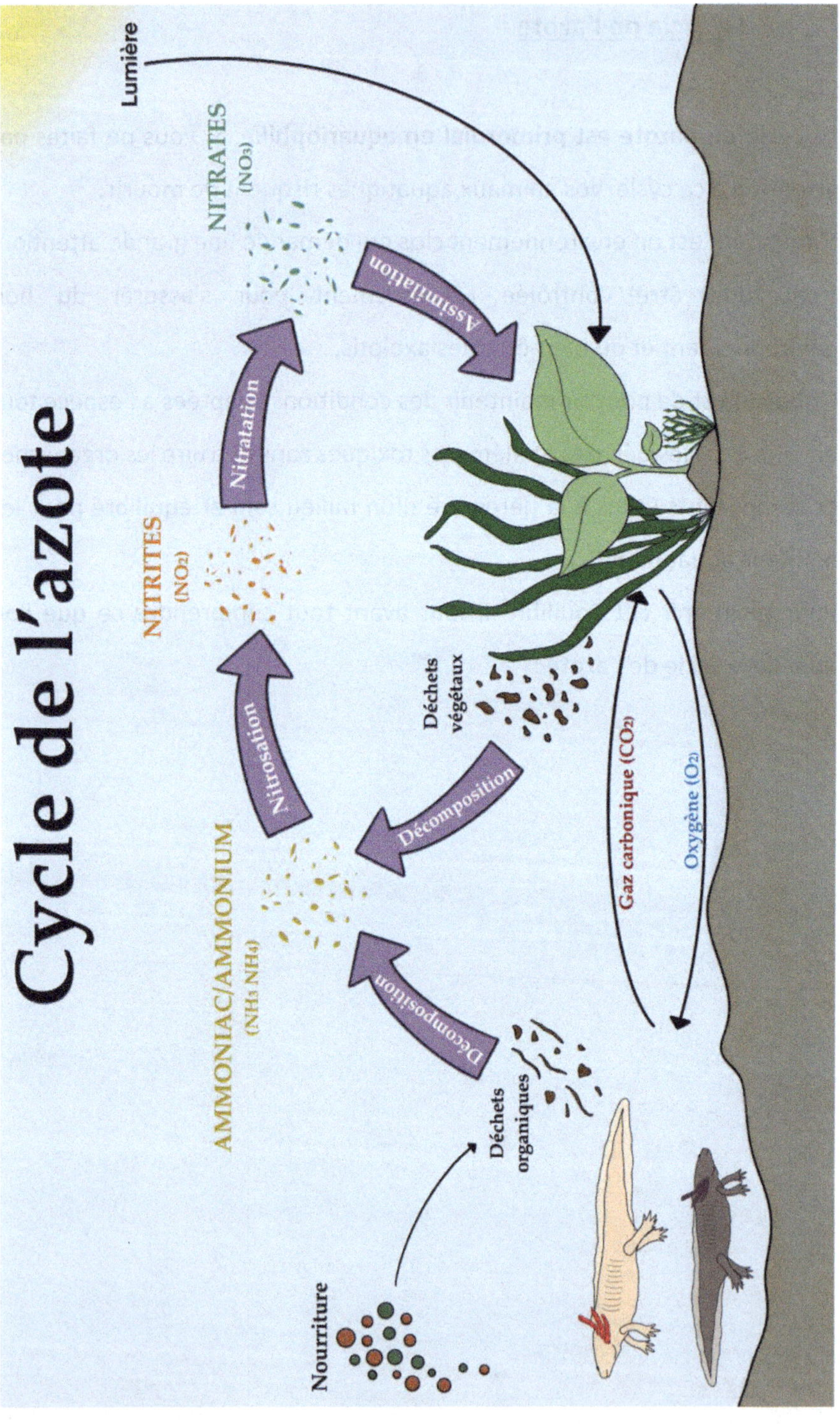
Cycle de l'azote
Lumière
NITRATES
(NO_3)
Assimilation
Nitratation
NITRITES
(NO_2)
Nitrosation
AMMONIAC/AMMONIUM
(NH_3 NH_4)
Décomposition
Décomposition
Déchets végétaux
Déchets organiques
Nourriture
Gaz carbonique (CO_2)
Oxygène (O_2)

Voici un résumé des principales étapes du cycle de l'azote :

1) Décomposition

Lorsque l'on nourrit les axolotls cela occasionne des **déchets organiques** (restes de nourriture, excréments), d'autres déchets sont également produits naturellement par l'environnement, les plantes notamment (débris de végétaux), ces déchets se décomposent et génèrent de l'azote dans l'eau.

Cet azote est alors transformé par des bactéries présentes naturellement dans l'eau en **ammonium NH4+** (dans une eau à ph acide) qui est peu dangereux et en **ammoniac NH3** (dans une eau à ph basique) qui est **très toxique** pour les animaux aquatiques. La quantité d'ammoniac présente dans l'eau ne doit donc pas dépasser **0mg/L**.

Dans la nature ce phénomène est à peine perceptible compte tenu de l'immensité du volume d'eau en cause et de l'équilibre bactérien qui y règne. Mais en aquarium la concentration d'ammoniac NH3 peut vite devenir critique (en quelques heures).

2) Nitrification - Nitrosation (ou Nitritation)

Pour détruire l'ammoniac, des bactéries appelées les **nitrosomonas** vont **transformer l'ammoniac NH3 en nitrite NO2-**. Ainsi le taux de nitrites augmente au fur et à mesure que l'ammoniac diminue.

Le **nitrite** est moins toxique que l'azote, mais reste dangereux pour les animaux de nos aquariums au-delà de **0,3 mg/litre**.

Il est essentiel de surveiller régulièrement la concentration de nitrites, car même à des niveaux faibles, ils peuvent avoir un impact sur les globules rouges du sang des animaux aquatiques. Cela réduit leur capacité à transporter l'oxygène, entraînant ainsi la suffocation et la mort des poissons ou des axolotls. A noter également qu'une forte concentration en nitrites peut brûler la peau sensible des axolotls. L'objectif idéal est de maintenir une concentration de nitrites nulle dans l'aquarium.
Un problème de nitrites se manifeste souvent par une hyperactivité des animaux, des remontées fréquentes vers la surface de l'eau et des flottements anormaux, voire des brûlures sur la peau.

3) Nitrification - Nitratation

D'autres bactéries appelées les **nitrobacters** vont **transformer les nitrites NO2- en nitrates NO3-** qui sont alors peu toxiques pour les poissons tant qu'ils restent en faible quantité. La quantité de **nitrates** ne doit pas dépasser les **20mg/L**.

4) Assimilation

Les **nitrates sont ensuite assimilés par les végétaux et plantes** présentes, s'en servant comme une sorte d'engrais.
Les végétaux se développent et relâchent ensuite des déchets, ce qui finit par créer à nouveau de l'ammoniac.
Cela crée donc un cycle nommé le cycle de l'azote.
Pour maintenir un bon équilibre du cycle il faut donc chercher à obtenir un **équilibre entre les animaux aquatiques, les plantes et les bactéries**.

Les principales causes d'un taux de nitrates trop élevé sont les excès de nourriture, une surpopulation du bac, un mauvais entretien, des feuilles ou plantes mortes laissées dans le bac, un filtre trop encrassé ou en mauvais état, la non présence de plantes naturelles, ...

Il est donc important de nettoyer la nourriture que les axolotls ne mangent pas et de nettoyer régulièrement l'aquarium pour éviter une trop forte accumulation de déchets organiques.

De plus, le fait de disposer de plantes naturelles dans son aquarium va aider à consommer les nitrates.

Malgré tout, la quantité de nitrates aura tendance à être trop élevée, on fera donc un **changement d'eau régulier de 10 à 30% du volume de l'aquarium**. Ce changement pourra être effectué tous les mois mais cela reste à adapter selon les paramètres de l'eau.

En fonction des résultats des tests, vous devrez adapter le changement de l'eau:

- Taux de nitrates ≤ 20 mg/l → changez 10-20 % de l'eau ;
- Taux de nitrates compris entre 20 et 40 mg/l → changez 30 % de l'eau ;
- Taux de nitrates > 40 mg/l → changez 40 % de l'eau.

Ce changement d'eau permettra d'abaisser le taux de nitrates, mais il faudra continuer à suivre régulièrement ce paramètre et effectuer des adaptations et/ou des changements d'eau si nécessaire.

Le cycle de l'azote met **3 à 6 semaines** pour s'installer correctement. C'est pourquoi il est recommandé de mettre en place ce cycle dans votre aquarium en amont de l'arrivée de vos axolotls !

On parle alors de **rodage**, c'est-à-dire le processus durant lequel on prépare l'aquarium pour qu'il ait un cycle équilibré et pour y faire vivre ses futurs habitants.

> Attention : Il existe des produits tels que des conditionneurs d'eau ou des bactéries de démarrage qui se vendent en magasin ou sur internet pour permettre d'accélérer et faciliter la mise en place du cycle de l'azote. Ces produits sont très utilisés en aquariophilie, toutefois, les axolotls tolèrent mal ces produits chimiques dû au fait qu'ils n'ont pas d'écailles pour se protéger, ainsi leur peau absorbe tout et cela peut être très toxique pour eux. Il n'est donc pas recommandé d'en utiliser !

Afin d'assurer un bon cycle de l'azote il est donc conseillé :

- D'avoir du substrat tel que du sable fin qui pourra servir de support aux bonnes bactéries.
- De disposer de plantes naturelles dans son aquarium et leur fournir un éclairage adapté pour qu'elles puissent se développer et effectuer leur travail correctement.
- De prendre en compte la surface de l'aquarium et le nombre d'individus : on évite la surpopulation !
- Introduire les axolotls progressivement dans l'aquarium rodé : Il faut éviter de les introduire tous en même temps. Commencez par quelques spécimens, puis ajoutez les autres progressivement au fil du temps. Cela permettra aux bactéries bénéfiques de se multiplier

progressivement en fonction de la charge de déchets supplémentaires générés par les axolotls.

- D'avoir un système de filtration efficace, entretenu et fonctionnel. De plus, n'arrêtez jamais votre filtration trop longtemps et pensez à nettoyer le filtre et les masses filtrantes avec de l'eau de l'aquarium pour éviter de détruire les bactéries utiles au cycle qui s'y trouve.
- Évitez l'utilisation des produits chimiques tels que les clarificateurs d'eau, les produits anti-nitrites, etc... Ils peuvent perturber l'équilibre biologique de l'aquarium et nuire au développement des "bonnes" bactéries sans oublier que la peau des axolotls risque d'absorber ces produits et cela peut les rendre malades.
- Soyez patient, laissez le temps aux bactéries bénéfiques de se développer.
- Surveillez régulièrement les paramètres de l'eau (taux de NH3, NO2-, NO3-) en utilisant des tests, cela vous aidera à détecter tout déséquilibre et à prendre des mesures correctives si nécessaire.
- Effectuez des changements d'eau réguliers. L'eau doit être renouvelée d'environ 10-30% tous les mois.
- Ne suralimentez pas les axolotls, car cela entraînerait une accumulation excessive de déchets organiques dans l'aquarium. Donnez-leur seulement la quantité de nourriture nécessaire et recommandée.

Remarque : En cas de doute, n'hésitez pas à consulter un aquariophile expérimenté ou un vétérinaire spécialisé dans les animaux aquatiques.

c. Mise en pratique du rodage

Maintenant que vous comprenez mieux ce qu'est le cycle de l'azote et son utilité, passons à la pratique du rodage :

1) Votre aquarium est prêt, avec tous les éléments du décor, les plantes, le substrat, la lumière. Vous le remplissez alors d'eau reposée et vous mettez en route le système de filtration qui doit tourner en continue ainsi que le groupe froid si nécessaire.
2) Munissez-vous de kits de tests pour mesurer l'ammoniac, les nitrites et les nitrates du bac.
3) Les bactéries sont présentes partout dans l'environnement. Il n'est donc pas nécessaire d'en ajouter pour démarrer le cycle. On peut néanmoins provoquer une montée d'ammoniac en ajoutant de la nourriture pour axolotl dans l'aquarium. Ainsi de façon naturelle, des bactéries vont coloniser le système de filtration et le sable.
4) Après 5-10 jours, on teste la concentration en ammoniac ($NH3$), on devrait normalement en constater la présence.
5) Après les 7 à 12 jours suivants, lors des tests on doit normalement constater une disparition de l'ammoniac, accompagnée d'une montée importante des nitrites ($NO2-$). Cela signifie que la colonie des bactéries nitrosomonas est installée.
6) Dans les 7 à 10 jours qui suivent ou 48h environ après le pic de nitrite, la colonie de bactéries nitrobacter s'installe à son tour, ce qui sera confirmé par la disparition progressive des nitrites et l'apparition des nitrates. La seule façon précise de constater ces

résultats est de faire des tests de nitrites (NO2-) et de nitrates (NO3-) réguliers.

Si les nitrates (NO3-) restent trop élevés, vous pouvez procéder à un changement de 10% de l'eau de l'aquarium, puis refaire des tests réguliers.

Si l'ammoniac et les nitrites sont à 0 et les nitrates en dessous de 20mg/l, le cycle de l'azote est alors établi.

7) Il est maintenant possible d'ajouter les axolotls. Il faut y aller tranquillement avec quelques individus à la fois pour éviter de brusquer l'équilibre de l'aquarium, les colonies bactériennes sont encore bien jeunes et ne tiendraient pas la charge si trop d'individus se mettaient à polluer le bac en même temps d'un coup.
8) Continuez à tester régulièrement l'eau de votre aquarium pour vous assurer de la bonne stabilité de votre eau.

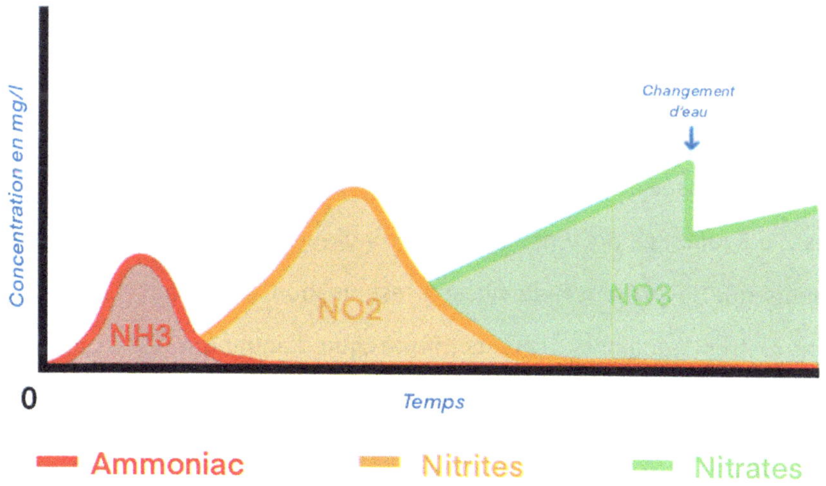

Graphique sur le rodage d'un aquarium illustrant les concentrations en ammoniac, nitrites et nitrates au cours du temps

d. Accélérer le rodage d'un second aquarium :

Si vous souhaitez créer/ajouter un second aquarium dans votre maison et que vous disposez déjà d'un premier aquarium rodé. Il est alors possible d'accélérer le processus du rodage du 2ème aquarium en se servant du premier. En effet, il est possible de récupérer des bonnes bactéries existantes dans le premier aquarium pour l'ajouter au second.
Pour cela vous pouvez par exemple récupérer de l'eau du premier aquarium rodé, utilisez un filtre qui aura préalablement filtré dans le premier aquarium pour l'ajouter dans le second, vous pouvez transférer certaines masses filtrantes du filtre et/ou certains éléments de décors et du substrat qui sont colonisées par les bonnes bactéries.

> Attention toutefois de ne pas trop retirer d'éléments de votre premier aquarium ce qui pourrait fragiliser le cycle de l'azote établi !

Une fois ces éléments introduits dans le nouvel aquarium et complétés par de l'eau reposée, laissez une semaine tout en faisant des tests de l'eau tous les 2 à 3 jours. La présence de nitrites indique qu'il faut encore attendre, tandis que la présence de nitrates est un bon signe, une fois tous les paramètres équilibrés, cela confirme que l'aquarium est rodé. Vous gagnerez ainsi plusieurs semaines.

e. Les autres paramètres de l'eau à contrôler

En plus de contrôler les paramètres directement liés au cycles de l'azote évoqués précédemment (NH3, NO2-, NO3-) afin d'assurer un bon équilibre de l'eau.

Il vous faudra également contrôler d'autres paramètres qui pourront impacter de prêt ou de loin ce cycle et/ou la santé des axolotls.

Ces paramètres doivent être contrôlés en amont de l'intégration de vos axolotls dans l'aquarium mais également par la suite et de manière régulière.

> Remarque : En cas de doute, n'hésitez pas à consulter un aquariophile expérimenté ou un vétérinaire spécialisé dans les animaux aquatiques.

La dureté de l'eau

La **dureté de l'eau** fait référence à la **concentration de minéraux** (principalement des sels de calcium et de magnésium) dissous dans l'eau.

Deux mesures sont couramment utilisées pour évaluer la dureté de l'eau dont :

- Le **GH (German Hardness)** : Le GH mesure la **dureté totale de l'eau**, en particulier la concentration de calcium et de magnésium. Une eau avec un GH bas est considérée comme douce, tandis qu'une eau avec un GH élevé est considérée comme dure. Le GH idéal pour un aquarium avec des axolotls est autour de **11-12 ° GH**. A noter qu'il existe une version française de cette mesure nommée le TH mais elle est peu utilisée, le TH ici serait donc de 20-21° TH (TH = 1,78 × 1 °GH). Au-dessus de 20° GH, cela devient très dangereux pour les axolotls, pouvant entraîner des maladies.

Dureté de l'eau	°GH (Allemand)	°TH (Français)
Eau très douce	0 à 3° GH	0 à 5° TH
Eau douce	3 à 6° GH	6 à 10° TH
Eau moyennement dure	6 à 9° GH	11 à 15° TH
Eau dure	**9 à 12° GH**	**16 à 21° TH**
Eau très dure	12 à 15° GH	22 à 26° TH
Eau extrêmement dure	plus de 15° GH	plus de 30° TH

- **Le KH (Carbonate Hardness)** : Le KH mesure la **dureté carbonatée de l'eau**, c'est-à-dire la concentration des ions de carbonate (CO3^2-) et de bicarbonate (HCO3^-) dans l'eau. Ces ions sont des tampons importants qui aident à stabiliser le pH de l'eau, empêchant les variations rapides et potentiellement dangereuses du pH. Le KH joue donc un **rôle crucial dans le maintien du pH** de l'eau. C'est pour cela qu'avant de pouvoir modifier le pH d'une eau il faut adapter son KH.

Un KH bas peut entraîner des variations de pH plus importantes. Le KH est particulièrement important pour les aquariums plantés, car il affecte également l'utilisation du CO2 et la croissance des plantes. La dureté carbonatée (KH) ne doit pas être inférieure à 4, sinon le pH sera instable. Il sera donc inutile d'essayer de faire baisser le pH d'une eau si le KH est trop élevé.

Un KH adapté pour un aquarium à axolotls est de 7-10° KH.

KH	Description
0-3° KH	Très doux. Risque de fluctuations de pH élevées, peut ne pas convenir à de nombreux organismes aquatiques.
4-6° KH	Doux. Convenable pour certains animaux qui préfèrent une eau plus douce, mais peut toujours être sujet à des fluctuations de pH.
7-10° KH	**Modéré. Un niveau approprié pour de nombreuses espèces d'eau douce, offre une bonne stabilité du pH.**
11-20° KH	Dur. Convient aux espèces qui préfèrent une eau plus dure, offre une excellente stabilité du pH.
20° KH et +	Très dur. Ne convient qu'à certaines espèces, offre une très grande stabilité du pH.

La dureté de l'eau du robinet varie selon les régions en France. Ainsi selon votre région l'eau de votre robinet aura une dureté plus ou moins adaptée pour votre aquarium à axolotls.

Astuce : Pour connaître la dureté de votre eau du robinet, vous pouvez vous renseigner sur internet notamment sur les sites des fournisseurs d'eau type Veolia, Suez, Eau de paris ... mais l'idéal est de tout simplement tester votre eau vous-même.

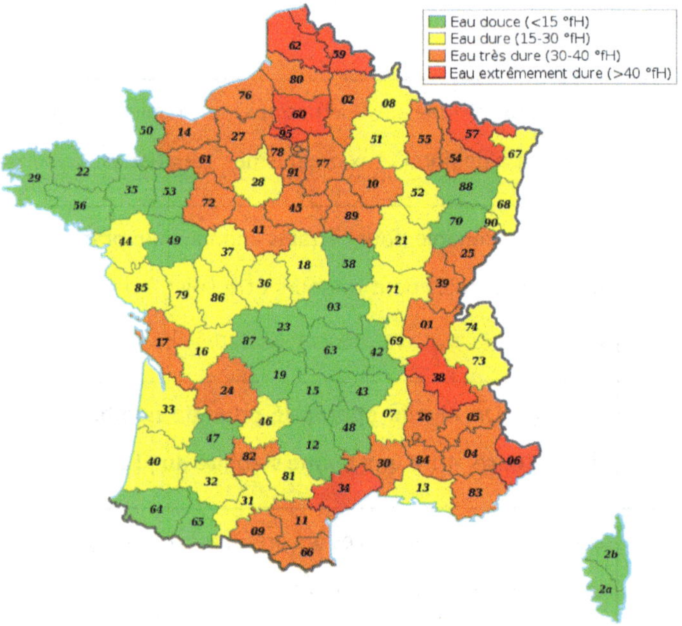

Dureté de l'eau en France selon les régions (en ° TH)

Toutefois, pas d'inquiétude, il est possible d'**ajuster la dureté de l'eau** en utilisant des produits spécifiques.

On évitera toutefois les conditionneurs d'eau, la tourbe et l'utilisation de produits chimiques qui peuvent être nocifs pour les axolotls.

Si votre eau est trop dure vous pourrez l'adoucir en incorporant de l'**eau osmosée**, c'est une eau déminéralisée et purifiée qui a une faible dureté. Pour obtenir de l'eau osmosée vous pouvez en trouver en animalerie (20-30 cts/L) ou vous pouvez en produire vous-même mais pour cela il vous faut disposer d'un appareil appelé "Osmoseur" (30-100€).

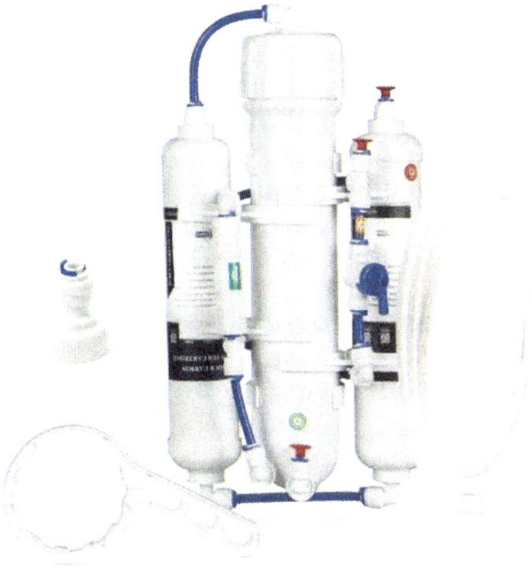

Osmoseur Watsea pour aquarium

Il vous suffit alors de mélanger de l'eau osmosée avec votre eau du robinet reposée, pour ainsi réduire la dureté de l'eau.
La quantité d'eau osmosée à utiliser dépendra du niveau de dureté que vous souhaitez atteindre.
Il est également possible d'utiliser de l'eau de pluie ou de l'eau minérale Mont Roucous entre autres qui sont des eaux douces.

A l'inverse, si votre eau est trop douce, on pourra utiliser par exemple du Preis pour la reminéraliser et donc la rendre plus dure. (Environ 30€ les 1kg)

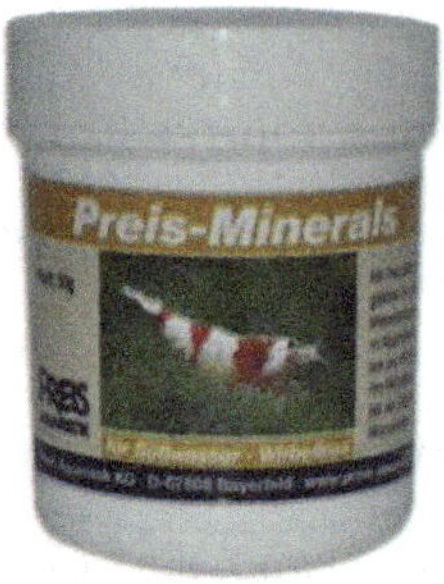

Preis

Attention : Un changement de dureté trop brutal peut impacter les axolotls et les plantes, de plus chaque méthode pour modifier la dureté peut impacter d'autres paramètres de l'eau. Il est donc recommandé de procéder à des **ajustements progressifs et de surveiller régulièrement les paramètres de l'eau** pour maintenir un environnement sain pour vos axolotls et plantes.

L'évaporation naturelle de l'eau d'un aquarium, fait que l'eau restante est de plus en plus dure, il faudra donc régulièrement procéder à des remplacements partiels d'eau et tester la dureté de l'eau pour maintenir des paramètres stables et adaptés à vos habitants aquatiques.

Le pH

Le **pH (potentiel Hydrogène)** c'est le **degré d'acidité ou d'alcalinité de l'eau.** Il s'agit d'une échelle allant de 0 à 14, où 7 représente la neutralité. En dessous de 7 le pH est acide, au-dessus de 7 il est basique ou alcalin.

Le pH connaît des variations au cours de la journée : la nuit il diminue car les plantes rejettent du CO2, la journée il remonte car les plantes consomment le CO2 pour la photosynthèse. C'est pourquoi il est recommandé de faire les tests de pH les lumières éteintes.

Le pH pour votre aquarium à axolotls doit être plutôt basique et se situer entre **7,5-8.**
Dans le contexte de l'aquariophilie, le pH de l'eau est un paramètre crucial à surveiller et à maintenir pour assurer la santé et le bien-être des axolotls, des plantes et des autres potentiels habitants de l'aquarium.

L'eau du robinet est normalement assez neutre, vous n'avez donc pas de modification importante à effectuer. Néanmoins selon la région elle pourra

être légèrement acide ou alcaline. Vous devez donc tester l’eau et effectuer les ajustements nécessaires si besoin.
On évitera l’utilisation des correcteurs de pH qui peuvent être toxiques pour les axolotls. On privilégiera des changements d’eau de l’aquarium avec une eau à pH adapté. Si le pH de votre eau du robinet n’est pas adapté vous pouvez utiliser un mélange avec de l'eau osmosée ou de l'eau de pluie par exemple ou encore certaines eaux minérales.

Il est recommandé de tester régulièrement le pH de l'eau de l'aquarium à l'aide de kits de test appropriés. Cela vous permettra de surveiller les variations du pH et de prendre les mesures nécessaires pour maintenir un environnement stable et adapté à vos axolotls et plantes.

Attention : Pour ajuster le pH de l'eau de l'aquarium, il est important de procéder à des ajustements progressifs et d'éviter les changements brusques, car cela peut causer du stress et des problèmes de santé aux axolotls.

Remarque : On rappelle également que le pH est très dépendant de la dureté carbonatée KH, il faut donc en amont s’assurer que son KH est bon.

Le CO_2

Il est important de surveiller attentivement le niveau de CO_2, car des **concentrations excessives peuvent être dangereuses pour les axolotls**. En effet, une forte concentration de l'eau en CO_2 peut entraîner une baisse de pH et donc une acidification de l'eau. Les axolotls sont sensibles aux changements drastiques de pH et une acidité excessive peut provoquer des problèmes de santé. De plus, un excès de CO_2 peut réduire la concentration d'oxygène O_2 dissous dans l'eau, ce qui peut entraîner une hypoxie (manque d'oxygène) pour les axolotls. Cela peut entraîner une détresse respiratoire et, dans les cas extrêmes, la mort.

Pour éviter une forte concentration de CO_2 dans un aquarium, il est recommandé de disposer de **plantes naturelles** qui vont permettre de consommer naturellement ce CO_2 et de produire de l'oxygène.

Normalement la simple présence de plantes dans votre aquarium devrait éviter une surconcentration de CO_2, néanmoins si ce n'est pas le cas ou si vous n'avez pas mis suffisamment de plantes naturelles, l'utilisation de pompes à air, bulleur ou de systèmes de brassage pourront aussi aider à augmenter la concentration d'oxygène dans l'eau.

En général, il est recommandé de maintenir une concentration de **CO_2** de **20mg/l**, avec un pH et donc un KH stable.

Pompe de brassage, pompe à air, bulleur pour aquarium

Les Phosphates

Les **phosphates** sont des composés chimiques contenant du phosphore, qui peuvent provenir de diverses sources, telles que la nourriture, les déchets organiques et l'eau du robinet.

Le principal danger d'une concentration élevée de phosphates est une **croissance excessive des algues** (les phosphates sont un nutriment essentiel pour les algues). Cela peut entraîner une détérioration de la qualité de l'eau et une compétition avec les plantes pour les nutriments, empêchant ainsi les plantes d'assurer correctement leur rôle dans le cycle de l'azote et impactant donc l'équilibre de l'aquarium. Or un aquarium avec de mauvais paramètres va impacter la santé des axolotls.

Pour éviter une augmentation des phosphates dans l'aquarium,

- Disposez de plantes naturelles à croissance rapide qui pourront ainsi concurrencer les algues et absorber les nutriments, limitant ainsi la concentration d'algues causée par les phosphates.
- Évitez la suralimentation et donc l'accumulation excessive de déchets dans l'aquarium. Il est important de nourrir les poissons et les axolotls de manière appropriée et de veiller à ce qu'ils consomment toute la nourriture dans un délai raisonnable.
- Vous pouvez utiliser des masses filtrantes conçues pour absorber et éliminer les phosphates de l'eau.

- Faites également des changements d'eau réguliers pour éviter l'accumulation des phosphates.
- Nettoyez régulièrement l'aquarium pour éliminer les déchets organiques et les algues.
- Attention, il se peut que votre eau du robinet contient une forte concentration de phosphates, il est alors recommandé d'utiliser un mélange avec de l'eau osmosée pour éviter une augmentation excessive des phosphates dans l'aquarium.

La **quantité de phosphate (PO4)** dans votre aquarium doit idéalement être inférieure **à 0.05 mg/l**. Il est impératif de ne pas laisser le taux dépasser 0,9 mg/l, car des niveaux supérieurs à 1 mg/l peuvent à long terme stimuler de manière significative la croissance des algues et s'avérer nocifs pour les axolotls.

Le Fer

Le fer est un élément essentiel pour la **croissance et la santé des plantes aquatiques**. Les plantes ont besoin de fer notamment pour la photosynthèse et leur développement.

Il est rare d'avoir besoin de supplémenter l'eau en fer. De plus, si les plantes montrent des signes de carence en fer, il peut être judicieux de revoir l'éclairage et les autres paramètres de l'eau avant de recourir à des suppléments de fer.

Pour contrôler le fer dans un aquarium, vous pouvez utiliser des tests de fer pour mesurer sa concentration dans l'eau.

Si la concentration en fer est trop faible et que vos plantes en pâtissent, il convient néanmoins d'être prudent avec l'ajout de suppléments de fer ou de tout autre produit chimique dans l'aquarium. Les axolotls sont sensibles aux substances toxiques et tout déséquilibre chimique peut leur être nocif.

Il est donc préférable de maintenir un équilibre naturel dans l'aquarium en fournissant une alimentation équilibrée aux axolotls et en veillant à la santé des plantes sans recourir à des suppléments chimiques.

f. Récapitulatif des paramètres à contrôler pour votre aquarium à axolotls :

L'équilibre de l'eau dans un aquarium peut facilement être perturbé, il faudra donc **régulièrement vérifier les paramètres de l'eau** même après le rodage et l'ajout des axolotls.

Pour rappel, pour effectuer ces tests de paramètres vous devez vous équiper d'un kit de tests.

Tests pour aquarium

Paramètres	Idéal	Acceptable	DANGER !
Température	15-18°C	0-22°C	>22°C
NH4+	0 mg/l	0-0,1 mg/l	> 0,2 mg/l
NO2-	0 mg/l	0-0,1 mg/l	> 0,2 mg/l
NO3-	>10 mg/l	10-20 mg/l	>20 mg/l
pH	7,5-8	7-8,5	<7 et >9
GH	11-12	6-17	<6 et >17
KH	7-10	5-11	<5 et >11
CO2	20 mg/l	20-30 mg/l	>30 mg/l
PO4	<0,05 mg/l	0,05-0,09 mg/l	>1 mg/l

Remarque : Afin d'assurer un bon environnement de l'eau pour vos axolotls, il est donc conseillé de bien vous renseigner sur l'aquariophilie et le rodage de votre aquarium.

En cas de doute, n'hésitez pas à consulter un aquariophile expérimenté ou un vétérinaire spécialisé dans les animaux aquatiques.

3. Comment transporter votre axolotl jusqu'à chez vous ?

Une fois que vous avez trouvé et adopté votre axolotl, vous allez pouvoir le ramener chez vous.

Pour cela vous devez le transporter dans les meilleures conditions :

- Le contenant pour le transport doit être **hermétique** et doit pouvoir contenir de l'eau. (Grand Tupperware, glacière, bac, sac, seau, ...) Calez bien le contenant dans votre voiture ou moyen de transport pour éviter de causer des blessures ou du stress. Mettez le contenant dans **l'obscurité** afin de minimiser le stress.
- Le contenant de transport doit contenir **suffisamment d'eau** pour immerger complètement l'axolotl (prévoyez au moins 10 cm d'eau en hauteur). Il doit être rempli d'⅓ d'eau et de 2/3 d'air. L'eau et son contenant sont généralement fournis par le vendeur/éleveur, si ce n'est pas le cas prévoyez de l'eau reposée.
- La température de l'eau ne doit pas dépasser les **22°C**. Placez donc le contenant dans un endroit frais de la voiture ou du moyen de transport. S'il fait une chaleur très importante, ajoutez une bouteille d'eau congelée protégée par un papier absorbant à côté du contenant.
- Le contenant ne doit pas être fermé plus d'une journée. Sinon, **oxygénez l'eau** (ouvrir, brasser, changer l'eau selon les possibilités).

4. Gérer l'arrivée des axolotls à la maison

Votre aquarium est enfin prêt, le rodage est terminé et vous arrivez avec vos tout nouveaux amis axolotls à la maison.
Avant de les placer dans votre aquarium, vous allez devoir effectuer une mise en quarantaine.

a. Mise en quarantaine

La mise en quarantaine consiste à isoler l'axolotl dans un bac à infirmerie. En aquariophilie, la durée minimale d'une quarantaine est de **15 jours**, mais elle peut être prolongée en cas de besoin.

Cette mise en quarantaine permet essentiellement :

- De vous assurer que votre axolotl est en bonne santé et qu'il n'est pas porteur de maladie ou parasite, et ainsi d'éviter qu'il ne contamine votre aquarium et ses potentiels autres habitants.
- De s'assurer qu'il a un bon appétit et qu'il digère correctement.
- De limiter son stress et lui permettre de s'acclimater.

Remarque : Nous verrons également plus tard dans ce livre que la mise en quarantaine est utilisée dans le cadre médical, pour surveiller ou administrer des soins à un axolotl malade ou blessé.

Voici les étapes à suivre pour effectuer la mise en quarantaine de votre axolotl avant son intégration dans l'aquarium:

- Lavez-vous les mains soigneusement avant et après chaque manipulation.
- Préparez un bac infirmerie (idéalement 1 par axolotl si vous en avez adopté plusieurs) et y mettre de l'eau reposée. La température de l'eau doit être adaptée soit 15-18°C.
- Mettez le bac dans une pièce fraîche (<20°C) et dans l'obscurité, cela évitera de stresser l'axolotl.
- Mettez le bac à une distance suffisante de l'aquarium pour éviter de potentielles contaminations.
- Déposez le récipient de transport avec votre axolotl dans le bac infirmerie et laissez-y votre axolotl pendant 30min afin que l'eau de transport se mette à la même température que l'eau du bac.
- Ouvrez le sac de transport et ajoutez doucement un peu d'eau du bac de quarantaine dans le sac toutes les 10 minutes sur une période d'une heure environ. Cela aidera à acclimater l'axolotl aux conditions de votre bac de quarantaine.
- Une fois que l'axolotl est acclimaté, utilisez une épuisette pour le transférer doucement du sac au bac de quarantaine. Essayez d'ajouter le moins possible d'eau du sac dans le bac pour éviter d'introduire des contaminants potentiels.
- Effectuez des changements d'eau réguliers pour maintenir une bonne qualité de l'eau (1 fois par jour voire 1 fois tous les 2 jours)
- Pendant la période de quarantaine de 15 jours minimum, observez attentivement l'axolotl. Vérifiez son comportement, son appétit, et cherchez des signes de maladie ou de stress.

b. Intégration à l'aquarium

Une fois la quarantaine terminée et que tout s'est très bien passé, vous allez pouvoir mettre vos axolotls en aquarium (si celui-ci est bien rodé):

- Comme pour le transfert dans le bac de quarantaine, acclimatez-le progressivement à l'eau de l'aquarium principal avant de le transférer complètement.
- Veillez à ce que la température du bac de quarantaine soit à peu près similaire à celle de l'aquarium (ne pas dépasser 4°C d'écart).
- Enfin, intégrez votre axolotl dans l'aquarium. Si vous en avez plusieurs, n'intègrez qu'un seul axolotl par semaine en suivant ce même processus afin d'éviter de perturber l'équilibre de l'aquarium.
- Une fois dans l'aquarium, continuez à le surveiller de près pour vous assurer qu'il s'adapte bien à son nouvel environnement.

Si vous avez déjà des axolotls et que vous venez d'en adopter un nouveau et si ce dernier est plus jeune et donc plus petit, il vous faudra attendre qu'il rattrape la taille de ses futurs colocataires avant la grande rencontre. En effet, mettre des axolotls de tailles trop différentes dans un même aquarium peut occasionner des risques de cannibalisme.
Vous pouvez installer une séparation dans votre aquarium le temps qu'il grandisse suffisamment ou le mettre dans un aquarium dédié ou dans un bac suffisamment grand.

Comment prendre soin de votre axolotl au quotidien ?

1. Quelle nourriture donner à votre axolotl et à quelle fréquence ?

L'axolotl est un **carnivore** strict, dans la nature il se nourrit de petits poissons, d'insectes, de larves, d'alevins, de vers et de petits crustacés.

Attention : Rappelons que l'axolotl est un animal d'eau douce, tout aliment contenant de l'iode et provenant de l'océan ou de la mer est à proscrire.

Il est important de donner à votre axolotl une alimentation adaptée à sa taille, car il n'a pas de dents suffisamment grandes pour trancher les aliments en morceaux. Ainsi, la nourriture doit être de petite taille pour être avalée en entier et ne pas se coincer.

En captivité, on nourrit principalement les axolotls avec des **granulés ou pellets** à base de poissons qui contiennent tous les éléments nécessaires pour une alimentation équilibrée. De plus, c'est le type d'alimentation le plus simple à utiliser et facile à se procurer puisqu'on en trouve en animalerie ou sur internet.
Quelques exemples de marques : Aquaterratec, Hikari sinking carnivore pellets, ... Les prix varient entre 8-20€ les 250ml.

Exemples de pellets pour axolotls

> Astuce : En cas de potentielle absence, il existe des distributeurs automatiques de pellets.

Les pellets pourront être complétés par des petites **proies vivantes** (vers, petits poissons).

Les axolotls ont un réflexe de happer toute proie qui nage ou remue à proximité, la nourriture vivante est donc très appréciée car cela satisfait leur instinct de chasse. Les proies vivantes peuvent aussi être un bon moyen de nourrir vos axolotls en votre absence, car les axolotls iront les chasser lorsqu'ils ont faim. Il faut néanmoins s'assurer à ce qu'ils en aient constamment à disposition.

Les petites proies vivantes peuvent se procurer chez des éleveurs spécialisés, chez certains particuliers qui en produisent, ou dans des animaleries spécialisées. Vous pouvez également vous lancer dans un petit élevage dans un autre aquarium.

Attention : Il est fortement recommandé de mettre en quarantaine les proies vivantes avant de les mettre en contact avec vos axolotls pour éviter toute contamination par des maladies qui peuvent s'avérer mortelles.
Tout aliment provenant de la terre directement doit également être évité pour ne pas introduire de bactéries non souhaitées dans l'eau.
Il est donc conseillé de bien se renseigner et d'être très précautionneux lorsque l'on veut donner du vivant à manger à ses axolotls !

Remarque : L'axolotl ne digère pas les plantes et algues ni la viande provenant de mammifères. On pourra exceptionnellement utiliser du cœur de bœuf coupé en tout petits morceaux. Ce dernier étant très riche en protéines, il peut aider à la reconstruction d'un membre si l'axolotl est blessé, amputé ou à un fort manque nutritif dû à une maladie.

Il existe également des insectes et poissons d'eau douce congelés que vous pouvez donner à vos axolotls.

A noter que les jeunes axolotls (juvéniles de moins de 10 cm) n'ont pas la capacité de manger des pellets pour adultes. Ainsi, les premiers jours de vie les bébés axolotls, sont nourris de **nauplies d'artémia** vivants 3 fois par jour, puis une transition sera effectuée vers des **vers de vases** (congelés et/ou vivants) toujours 3 fois par jour. La composition des vers de vase étant en grande partie faite d'eau, ils ne seront donc plus assez nourrissants lorsque l'axolotl juvénile aura passé les 5 cm, il faudra alors faire une transition

progressive vers des mini pellets de 0.5mm. Lorsque l'axolotl atteindra les 10 cm on pourra augmenter la taille des pellets en faisant une transition vers des pellets 3mm et un nourrissage diminué à 2 fois par jour.
Lorsque l'axolotl aura atteint les 10-15 cm il pourra passer aux pellets 5mm.

Vers de vase

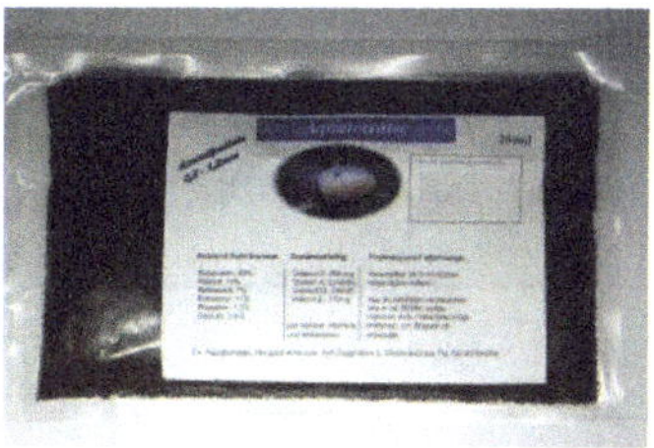

Pellets Aquaterratec 0.5-1.2mm

Axolotl Juvénile se nourrissant de vers de vase

La fréquence d'alimentation des axolotls dépend de leur taille. Plus ils sont grands, moins ils ont besoin d'être alimentés.

Les axolotls n'ont donc pas besoin d'être nourri quotidiennement. Les axolotls adultes peuvent même jeûner pendant une dizaine de jours sans subir de dommages, cependant une période de jeûne plus longue peut engendrer des agressions envers les congénères.

Taille de l'Axolotl	Alimentation conseillée	Fréquence d'alimentation
1-3 cm (larves)	Nauplies d'artémia	3-4 fois / jour
3-5 cm	Vers de vase	3 fois / jour
5-10 cm	Vers de vase & Pellets de 0.5 à 1.5 mm	1-2 fois / jour
10-12 cm	Pellets 3 mm	5-6 fois / semaine
12-15 cm	Pellets 3 mm	3-4 fois / semaine
15-20 cm	Pellets 5 mm	2-3 fois / semaine
20 cm et +	Pellets 5 mm	1-2 fois / semaine

Le poids des axolotls adultes doit être surveillé car une suralimentation affaiblit la santé des axolotls et peut entraîner la mort.

Si l'axolotl a été habitué à un type d'aliment, il sera alors probablement nécessaire de procéder à une transition pour en changer.

Remarque : Si l'axolotl venait à se métamorphoser, il faudra évidemment adapter l'alimentation. (*La métamorphose de l'axolotl est abordé plus en détail dans le dernier chapitre de ce livre.)*

Pour rappel, tous les **aliments n'ayant pas été mangés au bout d'une demi-heure doivent être retirés** de l'aquarium car les aliments non consommés altèrent la qualité de l'eau.

Il est préférable d'éviter de nourrir les axolotls à la pince, car cela peut les rendre dépendants et ils pourraient refuser de s'alimenter autrement à l'avenir, ce qui pourrait poser problème, notamment en cas d'absence. Il est recommandé de les laisser se débrouiller seuls pour se nourrir.

Attention : Si un axolotl rencontre des difficultés à se nourrir, il cache probablement un souci de santé. Il est possible que l'Axolotl recrache un aliment s'il n'a plus faim ou s'il n'arrive pas à l'avaler correctement (pellet trop gros par exemple), mais cela peut parfois aussi signifier qu'il a un souci de santé, il faut donc rester vigilant et surveiller.

Certaines substances comme le **cuivre, le zinc, le manganèse, le Vert de Malachite** sont nocifs pour les axolotls si elles sont présentes en grandes quantités. On en trouve parfois dans certains pellets mais généralement en petites quantités donc il n'y a pas lieu de s'inquiéter outre mesure. L'essentiel est de veiller à ce que l'exposition de l'axolotl à ces substances ne soit pas excessive.

2. Comment entretenir l'habitat de votre axolotl ?

a. Contrôles réguliers

Il est important de vérifier quotidiennement :

- Le **comportement et la santé de vos axolotls** : ils ont un comportement normal et calme, et vérifier qu'ils ne présentent pas de plaie, mycose ou autre signe de maladie/bactérie.
- L'**aspect et la propreté de l'eau** : l'eau présente un bel aspect clair et transparent. (Si ce n'est pas le cas, il faudra enlever les débris et déchets visibles de nourritures, plantes ou déjections.)
- Le sol et les plantes : le **sol est propre**, les **plantes sont saines**.
- Les **appareillages** de l'aquarium afin de s'assurer que tout **fonctionne correctement** : Vérifiez le filtre, lumière, groupe froid etc...
- La **température de l'eau** (à l'aide d'un thermomètre), elle ne doit pas dépasser les 22°C.
- Les différents paramètres de l'eau grâce aux kits de tests.

b. Nettoyage hebdomadaire

Avant d'effectuer le nettoyage de votre aquarium, il est vivement recommandé de **se laver les mains** pour ne pas introduire de mauvaises bactéries dans l'aquarium. Pour cela utilisez un savon naturel (savon de Marseille, d'Alep, savon noir), afin d'éviter d'introduire des produits chimiques dans l'aquarium.

Il est recommandé de procéder à un **nettoyage sommaire mais régulier toutes les une à deux semaines** de l'aquarium (voir plus selon les besoins):

- Avec une **épuisette**, retirez les gros déchets qui se baladent ou flottent. (Kit d'épuisettes : 10€).
- À l'aide d'une **éponge** neuve non abrasive réservé à cet unique usage ou d'un **aimant de nettoyage** (1-10€), retirez le biofilm et les algues qui se sont formés sur les vitres de l'aquarium.
- Aspirez le fond du bassin avec un **nettoyeur de substrat ou aspirateur à eau** (20-60€). Veillez à bien remuer le substrat en surface afin de déloger les saletés qui s'y accumulent, et ainsi éviter la formation de gaz toxiques.
- **Testez la concentration en nitrates (NO3)** la veille du jour de votre nettoyage. S'ils sont supérieurs à 20, préparez une quantité d'eau à reposer 24h à hauteur de 10 à 30% du volume de votre bac. Si les NO3 sont inférieurs à 20, vous pouvez attendre la semaine suivante pour le changement d'eau partiel. Soyez rigoureux sur vos changements d'eau pour éviter la concentration en NO3 qui s'installe au fil du temps ce qui peut causer bien des soucis une fois arrivé trop haut ! Ne changez pas trop souvent votre eau non plus

pour éviter d'altérer les paramètres de votre eau. En général, il est recommandé un changement d'eau une fois par mois, mais cela dépend évidemment des paramètres de votre eau.

Equipements de nettoyage pour aquarium

c. Nettoyage mensuel

Une fois par mois, il vous faudra faire un nettoyage plus intensif :

- **Entretenir les Plantes** : Procédez à un jardinage de votre aquarium. En effet, si vous avez des plantes naturelles qui prospèrent dans votre aquarium, elles vont pousser, se développer, s'étoffer, se multiplier, ce qui nécessitera un entretien pour éviter qu'elles ne deviennent trop grandes ou envahissantes. De plus, si certaines plantes se détériorent trop, retirez-les et remplacez-les par des variétés plus robustes. Pensez à faire votre jardinage avant le changement de l'eau plutôt qu'après.
- **Nettoyer les cachettes, décorations, appareillages** : Pour cela il faut les nettoyer avec de l'eau de l'aquarium pour éviter de retirer les bonnes bactéries. On ne les nettoie surtout pas à l'eau chaude et à la javel ou au vinaigre d'autant plus si elles sont en plastique ou résine car elles risquent alors de larguer des produits chimiques nocifs pour les axolotls.
- **Effectuez un changement d'eau** : à hauteur de 10-30% afin de réduire les taux de nitrates et rééquilibrer la dureté de l'eau.
- **Nettoyage du filtre** : L'entretien du filtre se fait généralement tous les mois, mais la fréquence peut être augmentée en cas d'excès de nourriture, de taux élevé de nitrites, nitrates, de surpopulation, etc. A l'inverse si le filtre reste propre il n'est pas nécessaire de le nettoyer aussi fréquemment, espacez alors ce nettoyage tous les 2, 3, 6 mois selon les besoins.

Le nettoyage consiste à retirer les impuretés qui pourraient encombrer le filtre, mais sans mettre à mal les bactéries biologiques qui s'y trouve. Pour cela :

- Récupérez de l'eau de votre aquarium et disposez la dans un récipient (seau, bac) dans lequel vous allez pouvoir nettoyer votre filtre et les masses filtrantes. En effet, il vaut mieux les nettoyer avec de l'eau de l'aquarium car si vous utilisez de l'eau du robinet vous allez détruire les bonnes bactéries et risquez de devoir recommencer totalement un rodage.
- Coupez la pompe du filtre et retirez le filtre. Attention ne laissez pas la pompe inactive pendant plus de 3h sinon les bactéries vont toutes mourir et il vous faudra recommencer tout votre rodage.
- Nettoyez les masses filtrantes mécaniques en les pressant dans votre récipient pour y retirer les détritus et impuretés. Ces masses contenant aussi quelques bonnes bactéries, il ne sert à rien de les nettoyer de manière trop incisive.
- Rincez les masses filtrantes biologiques délicatement dans le récipient. Pour simplifier leur nettoyage, il est intéressant de les insérer dans un sac filet ou une chaussette en nylon, puis de secouer légèrement le tout pour les rincer. Il n'est pas nécessaire de les rendre totalement propres, car il faut préserver les bactéries bénéfiques.

Exemple d'un filtre externe salle qu'il faut nettoyer

Il n'est pas toujours nécessaire de retirer les axolotls de l'aquarium lorsque vous effectuez un nettoyage, mais il faut être très prudent afin de ne pas les blesser. Par précaution, vous pouvez aussi les retirer de l'aquarium et les mettre dans un bac infirmerie rempli d'eau de l'aquarium ou d'eau reposée, le temps d'effectuer votre nettoyage.

Attention : Il ne faut pas tomber dans l'excès d'hygiène qui pourrait aussi être néfaste car les bonnes bactéries dans les aquariums jouent un rôle important et sont utiles à son bon équilibre.

d. Changement de substrat

Le substrat n'a pas besoin d'être changé, il suffit de le nettoyer comme expliqué précédemment.

Toutefois, si vous souhaitez le changer pour des raisons pratiques ou esthétiques, il faut suivre un processus qui permettra d'une part d'éviter de blesser les axolotls et d'autre part de conserver au mieux les bonnes bactéries utiles présentes dans l'aquarium :

- Stoppez le filtre et ne pas le nettoyer pour conserver les bonnes bactéries.
- Retirez les axolotls et les placer dans un bac infirmerie avec de l'eau de l'aquarium ou de l'eau reposée en attendant.
- Prélevez de l'eau de l'aquarium et la mettre dans un récipient propre pour y placer les plantes, cachettes, décorations et autres accessoires de l'aquarium.
- Retirez tout l'ancien substrat de l'aquarium.
- Rincez le nouveau substrat et ajoutez-le de façon régulière au fond de l'aquarium.
- Remettez les plantes et décorations.
- Remplissez le bac avec l'eau prélevée.
- Remettez le filtre en route.
- Attendez 24h et testez les paramètres de l'eau pour vérifier que tout est stable.
- Si les paramètres sont stables, remettez les axolotls dans l'aquarium.
- Continuez de vérifier les paramètres de l'eau et si besoin effectuez les changements nécessaires.

e. Attention aux algues

Les algues sont des petits organismes vivants qui peuvent se développer dans votre aquarium, sur les vitres, les plantes et le décor sous forme de couches plus ou moins épaisses ou en filaments.
Parmi les algues que l'on rencontre fréquemment dans un aquarium on retrouve par exemple les algues vertes, les algues brunes, les algues rouges, les algues bleues, etc...

La présence de quelques algues n'est en soit pas un problème mais c'est **l'excès d'algues** qui en est un.
En effet, les algues prolifèrent rapidement et ont tendance à envahir l'aquarium, elles empêchent alors les plantes naturelles de se développer et d'effectuer leur travail, ce qui peut induire de mauvais paramètres de l'eau et être **toxique pour les axolotls.**

Les causes de la prolifération des algues sont multiples, en effet cela peut être dû à un surpeuplement, un excès de nourriture, une mauvaise hygiène de l'aquarium, le manque de plantes naturelles, un éclairage inadapté, une eau trop chaude, un déséquilibre de l'eau.

Les algues peuvent survivre en milieu hostile, et surtout quand les conditions de l'eau sont déséquilibrées. En effet, elles profitent des excès de phosphates et de nitrates pour se développer. Dans la plupart des cas, il suffit de rétablir les bons paramètres de l'eau pour qu'elles disparaissent. N'hésitez pas à compléter avec un nettoyage de l'aquarium comme expliqué précédemment pour accompagner leur disparition.

Lors du rodage, la présence d'algues prouve que le cycle de l'azote n'est pas encore bien établi et équilibré, mais c'est normal cela peut prendre du temps. Toutefois après 4-6 semaines, les algues devraient diminuer. Si ce n'est pas le cas, c'est qu'il y a un problème dans votre aquarium. La meilleure façon de savoir d'où provient le déséquilibre est de tester l'eau.

Ainsi, pour éviter d'avoir un surplus d'algues dans votre aquarium :

- Vous devez tester les paramètres de l'eau régulièrement et les adapter en fonction.
- Disposer de plantes naturelles et diversifiées.
- Nettoyer régulièrement l'aquarium sans oublier les vitres, les plantes, les décors, le filtre.
- Ne pas surpeupler son aquarium.
- Ne pas donner trop de nourriture, car cela peut créer des restes.
- Faire attention à l'éclairage et/ou l'exposition au soleil.

Pour en apprendre davantage sur les différents types d'algues en aquarium et comment y remédier, nous vous conseillons de vous renseigner sur l'aquariophilie plus en détail.

f. Non aux produits chimiques

Les axolotls tolèrent mal les produits chimiques. En effet, ils n'ont pas d'écailles comme les poissons, ils absorbent donc tout par leur peau et notamment tous les produits chimiques qui peuvent ainsi les brûler et les tuer.

On évitera ainsi d'utiliser des produits chimiques que l'on retrouve par exemple dans les engrais, la plupart des conditionneurs d'eau, des ajusteurs de pH, ou même certaines bactéries de démarrage.

Ces produits ne sont de toute manière pas indispensables à votre aquarium, ainsi mettez en place votre cycle de l'azote de manière naturelle, effectuez vos tests et ajustements, un peu de patience et d'entretien et tout devrait s'équilibrer correctement.

3. Comment surveiller et maintenir la santé de votre axolotl ?

L'axolotl est un animal qui a normalement une santé assez robuste, mais cela va surtout dépendre de ses conditions de vie.
En effet, si l'on n'est pas rigoureux avec la qualité de l'eau, l'entretien de l'aquarium, la température de l'eau, la qualité de la nourriture, cela peut occasionner des soucis de santé et des prédispositions à certaines maladies ou parasites.
Le stress est également un facteur à prendre en compte.

Enfin, nous vous conseillons d'avoir un **vétérinaire spécialisé NAC à proximité** en cas de problème.
Et si on a le moindre doute, on fonce chez son vétérinaire !

En cas de soupçon de maladie, blessure ou de parasite chez votre axolotl :

- **Isolez l'axolotl** concerné dans un bac infirmerie. Cela vous permettra d'éviter qu'il contamine les autres habitants de l'aquarium le cas échéant, de le surveiller plus attentivement, de le traiter plus facilement et efficacement.
- "**La technique du frigo**" : elle consiste à mettre l'axolotl dans un bac infirmerie propre et rempli d'eau reposée et de mettre ce bac dans la partie basse du réfrigérateur entre 6-10°C (Attention pas dans le congélateur cela tuerait votre axolotl !) On pense à remplacer l'eau chaque jour. Le fait de refroidir l'axolotl va entraîner un ralentissement de son métabolisme et donc un ralentissement de la

progression de la maladie. Cela permet de gagner du temps pour contacter son vétérinaire et de se renseigner sur comment le soigner.

- **Rassemblez un maximum d'informations** qui pourrait permettre au vétérinaire d'effectuer le diagnostic :
- Informations sur l'état de l'axolotl : Quels sont les symptômes de votre axolotl ? Depuis quand il a ces symptômes ? A-t-il déjà eu des soucis auparavant si oui lesquels ? Quel est son âge, sa taille, son sexe ? Lui avez- vous déjà donné un traitement ? Lequel et est-ce que cela a fonctionné ?
- Informations sur les conditions de vie : taille de votre aquarium, nombre d'individus et de quels types, température de l'eau, paramètres de l'eau, quel substrat est utilisé, quel est le débit du filtre, y'a-t-il eu un changement récent de l'eau, d'un matériel, d'aquarium ? Avez-vous remarqué quelque chose d'inhabituel ? Avez-vous utilisé des produits pour traiter l'eau ou nettoyer si oui, lesquels ? A-t-il pu se blesser avec une décoration ou plantes de l'aquarium ? Quelle nourriture vous lui donnez, à quelle fréquence, en quelle quantité ? Avez-vous changé de nourriture ? Est-ce qu'il mange toujours ou refuse de manger, depuis combien de temps ?
- **Contactez votre vétérinaire NAC ou spécialisé**. Si ce dernier n'a pas la connaissance nécessaire, n'hésitez pas à vous tourner vers des éleveurs ou professionnels des axolotls qui pourront vous renseigner.

Attention : Il faudra être vigilant sur les médicaments donnés habituellement aux poissons, certains contiennent de l'iode qui est très nocif pour l'axolotl.

Anticiper les soins vétérinaires et l'assurance santé NAC

Les soins vétérinaires peuvent parfois s'avérer coûteux, surtout si ce dernier doit effectuer des radios, des chirurgies ou prescrire des traitements spécifiques.
Vous devez également avoir à disposition des produits de premiers soins chez vous qui peuvent aussi représenter un certain budget. Il est donc important de prévoir un budget soins pour votre axolotl.

Il existe des assurances NAC qui couvrent les soins des axolotls. Toutefois, renseignez-vous bien en amont sur les soins pris en charge et comparez les prix entre les assurances. Parfois, on se rend compte qu'il vaut mieux mettre de côté chaque mois pour anticiper des soins que de s'engager dans une assurance. A vous donc de juger en faisant vos calculs et en comparant les différentes propositions.

Comprendre votre axolotl et ses comportements

1. Qui sont les meilleurs colocataires des axolotls ?

Les axolotls ne sont pas des animaux solitaires. Il est donc conseillé de ne pas mettre un axolotl seul dans un aquarium.

Toutefois, l'axolotl est doté d'un **réflexe qui le pousse à happer toute proie qui nage ou remue à proximité de lui**. De ce fait, il est déconseillé de le faire vivre avec d'autres espèces telles que des petits poissons, crevettes, escargots car l'axolotl risquerait de les manger ou de les blesser.
A l'inverse, certains poissons peuvent prendre également les branchies des axolotls pour des proies et tenteront de les gober ce qui peut blesser l'axolotl.
Quand bien même des poissons ou autres espèces seraient de taille adaptée et non agressives envers les axolotls, il faut aussi que ces animaux aquatiques supportent les mêmes conditions de vie que les axolotls (température de l'eau, luminosité, paramètres, ...).

Une des espèces qui s'acclimate plutôt bien à l'aquarium des axolotls sont les guppys. C'est pourquoi il est fréquent de voir des axolotls vivre avec des poissons guppy, car ces derniers sont de taille adaptée, non agressifs et aiment aussi l'eau froide. Néanmoins, les guppys serviront de casse-croûte aux axolotls, car ces derniers en sont très gourmands.

Guppy

Aussi, il faudra être extrêmement vigilant à la santé des guppys (ou autres espèces adaptées) que vous allez intégrer dans votre aquarium afin qu'ils ne contaminent pas vos axolotls avec des maladies ou parasites.
Il est donc théoriquement possible de faire cohabiter vos axolotls avec d'autres espèces, mais en pratique il faut faire extrêmement attention et être vigilant au quotidien.

Concernant les escargots, à part les physes qui sont assez petits et peuvent cohabiter avec les axolotls, la plupart des espèces d'escargots sont à éviter dans l'aquarium.

Physe

Remarque : On introduit souvent par mégarde des escargots dans son aquarium, il faut donc être vigilant et nettoyer voire stériliser les nouvelles plantes naturelles avant de les mettre dans votre aquarium. Dans le cas où vous vous retrouvez avec des escargots non voulus dans votre aquarium, il vous faudra les retirer rapidement.

Enfin, certains passionnés font des élevages dans un aquarium séparé de petits poissons types guppys, danios, ou de crustacés tels que les gammares, aselles, ou même des escargots physes. L'objectif étant de les proposer comme alimentation vivante à leurs axolotls.

Gammares

Dans ce cas, il n'y a plus à s'inquiéter du fait que l'axolotl mange ces colocataires, néanmoins cela maintient le souci des parasites et maladies que peuvent transmettre ces autres espèces aquatiques aux axolotls. Le fait de faire son propre élevage soi-même permet de contrôler davantage la bonne santé de ces espèces avant de les donner en proies aux axolotls.
En revanche si vous alimentez vos axolotls avec des proies vivantes que vous achetez à un autre éleveur ou fournisseur, soyez vigilant et effectuez

une mise en quarantaine avant de les donner manger à vos axolotls pour éviter toute contamination.

Ainsi, faire vivre les axolotls avec d'autres espèces est souvent risqué surtout lorsque l'on est débutant. On conseillera donc de faire cohabiter les axolotls uniquement avec leurs propres congénères.

2 axolotls en aquarium

Néanmoins, même si les axolotls ne montrent aucune agressivité entre eux (et ce, quel que soit leur sexe) le réflexe de happer tout ce qui bouge et la vue approximative de l'axolotl peuvent parfois également lui faire happer un congénère axolotl et le blesser. On pourra donc faire vivre deux ou plus d'axolotls dans un même aquarium mais il faudra qu'ils soient de **tailles similaires** (4-5 cm de différence max), bien nourris et qu'ils disposent de suffisamment d'espace et de cachettes.

Aussi, **les femelles ne doivent pas être gardées seules** car elles produisent des œufs en continu et elles doivent être encouragées par les mâles pour pouvoir pondre. S'il n'y a pas de mâle avec elle, il peut alors y avoir des problèmes de rétention d'œufs ou d'encombrement de la femelle". En revanche, il ne faudra pas mettre trop de mâles avec une femelle, car cela pourrait la stresser.

Il est donc recommandé les combinaisons suivantes : que des mâles ensemble ou 1 mâle pour 1 ou 2 femelles.

On adaptera évidemment la taille de l'aquarium au nombre d'axolotls.

Le meilleur colocataire d'un axolotl est donc un axolotl de même taille !

2. Comportements des axolotls au quotidien

Les axolotls sont principalement nocturnes, ils aiment rester cachés pendant la journée et sortir la nuit. Ils apprécient donc les **cachettes, grottes, plantes pour s'y abriter**.

Lorsqu'un axolotl est détendu, son corps est généralement allongé avec les branchies épanouies et les yeux ouverts. Il explore calmement son environnement, se déplaçant doucement sur le sol de leur aquarium, ils remontent parfois à la surface, mangent, se cachent. La seule période vraiment active est la période de reproduction, où le mâle effectue une sorte de parade auprès de la femelle.

Bien qu'ils ne soient pas solitaires, ils ne sont pour autant pas très "joueurs" avec leurs congénères, puisqu'ils n'interagissent pas non plus énormément entre eux. Ne vous inquiétez donc pas s'ils semblent parfois s'ignorer complètement.

Ils ont un **instinct de chasseur**, et leur réflexe de happer tout ce qui bouge, peut leur faire gober n'importe quoi, il faut donc être vigilant (pas d'animaux aquatiques ou congénères trop petits, pas de galets ou objets de décoration qu'ils pourraient avaler et entraîner une occlusion).

La plupart des axolotls sont aussi très gourmands, ils auront par exemple tendance à s'approcher de la vitre, laissant penser qu'il vous observe et cherche de l'attention, en réalité ils espèrent juste pouvoir manger.

On fera donc attention de ne pas trop les nourrir car ils peuvent facilement être sujet à de l'obésité, et cela peut les rendre plus vulnérables à d'autres maladies.
On surveillera à l'inverse que les axolotls se nourrissent correctement et qu'ils ne sont pas sujet à de l'anorexie qui est souvent un symptôme de stress ou de maladie.

Les branchies de l'axolotl peuvent donner des informations sur son activité :

- Si elles sont très rouges et donc très irriguées et emplies de sang, cela peut traduire une excitation importante de l'axolotl, un stress, un instinct de chasse, un comportement de reproduction, etc.
- Un frétillement des branchies peut être un signe de contentement, d'excitation ou une tentative de déloger des débris. Un frétillement excessif peut cependant indiquer un manque d'oxygène ou une qualité d'eau médiocre.
- Les axolotls leucistiques et albinos peuvent parfois avoir les branchies et le reste du corps blanc. Cela peut être dû à de mauvais paramètres de l'eau et dans ce cas il faut impérativement prendre les mesures nécessaires, mais parfois il s'agit simplement d'un stade de profond repos.

Remarque : Il est important de rappeler que chaque axolotl peut avoir ses propres spécificités et sa propre personnalité. Par conséquent, les comportements décrits ici peuvent varier d'un individu à l'autre. La clé est d'observer attentivement votre axolotl et de noter tout changement inhabituel.

Les comportements qui doivent vous alerter

Certains comportements seront des indicateurs d'un souci potentiel:

- Un axolotl qui prend de l'air à la surface de manière trop fréquente.
- Un axolotl qui refuse de s'alimenter, voir qui devient anorexique.
- Frétillement excessif des branchies qui peut indiquer un manque d'oxygène ou une qualité d'eau médiocre.
- Un axolotl qui flotte à la surface de manière prolongée.
- Un axolotl qui fuis, évite, avec les branchies collées au corps, les yeux exorbités et qui ne s'alimente plus, peut être sujet au stress.
- Un axolotl blessé, amputé, qui saigne, qui a la peau qui pèle, une plaie, des parasites, une coloration anormale, un ventre gonflé, des branchies atrophiées, très recourbées, pâles.

Si vous rencontrez l'un de ces symptômes, le premier réflexe est d'**isoler votre animal dans un bac infirmerie avec une eau fraîche reposée**, puis de **contacter votre vétérinaire**. En fonction des symptômes on pourra ajouter un traitement dans l'eau pour aider votre axolotl.

Problèmes de santé et soins des axolotls

1. Comment manipuler votre axolotl en toute sécurité ?

Il est **fortement déconseillé de manipuler un axolotl** car il a la peau fragile et c'est pour lui une source de stress. On ne le manipule donc qu'en cas d'urgence, pour le mettre en bac infirmerie et le soigner.

Pour le manipuler et le sortir de son aquarium on utilisera une épuisette adaptée, lorsqu'il est nécessaire de lui administrer un traitement on doit avoir ses mains préalablement lavées.

S'il faut que vous lui administriez un traitement par voie orale, lui sortir la tête de l'eau (ou le mettre sur un linge mouillé), pincer de chaque côté de la bouche pour qu'il l'ouvre et injecter la quantité adéquate avec une seringue sans aiguille, autre possibilité est d'injecter le médicament dans un morceau de nourriture molle pour ensuite lui donner.

2. Isolement / Mise en quarantaine

Il est parfois nécessaire d'isoler votre axolotl dans un bac infirmerie, notamment pour :

- Mettre en quarantaine un nouvel axolotl qui doit être isolé minimum 15 jours avant d'être introduit dans l'aquarium afin de s'assurer qu'il n'est pas porteur de maladies ou parasites.
- Mettre en quarantaine un individu malade pour qu'il ne contamine par les autres mais également pour le soigner correctement et le surveiller.
- Mettre des bébés jusqu'à ce qu'ils atteignent une taille suffisante pour ne pas être mangés par les adultes.
- Mettre les axolotls le temps de nettoyer l'aquarium.
- Mettre vos axolotls, si les paramètres de votre aquarium présentent un quelconque danger, et le temps de remettre les paramètres en ordre.

Lorsque vous effectuez une mise en quarantaine, pensez à vous laver les mains soigneusement avant et après chaque manipulation.

Pour une mise en quarantaine, vous aurez donc besoin de 2 bacs infirmerie (bacs en plastique) de 0,20m2 au sol et 30 L minimum et avec un couvercle troué, un filet ou un grillage pour empêcher les axolotls de sauter en dehors mais tout en laissant passer l'oxygène.

Le bac ne doit pas contenir de substrat, plantes ou décorations pour que l'entretien journalier puisse être facilité et pour éviter tout autres problématiques ou contaminations.

Il faudra essayer d'anticiper la mise en quarantaine de votre axolotl en préparant en amont de l'eau reposée afin de faire évaporer le chlore qui peut brûler la peau des axolotls.

Il vous faudra un thermomètre dédié pour pouvoir surveiller la température de l'eau au quotidien.

L'eau du bac infirmerie devra être changée tous les jours pour qu'elle reste propre et fraîche pour aider au bon rétablissement de votre axolotl. C'est pourquoi il est recommandé d'avoir un deuxième bac infirmerie pour pouvoir faire un roulement d'eau reposée.

- Remplissez donc vos bacs infirmerie et laissez reposer 24h, puis vous pourrez y mettre vos axolotls en quarantaine. Pensez à bien mettre le couvercle troué ou un filet pour éviter tout saut de votre axolotl.
- Le 2ème bac infirmerie va vous permettre d'effectuer un roulement pour le changement d'eau, mettez-y donc de l'eau pour la laisser reposer 24h. Le lendemain, prenez votre axolotl avec une épuisette et placez-le dans le 2nd bac infirmerie et nettoyer le premier bac avant d'y remettre de l'eau propre à reposer pour le lendemain.
- Suivez ce processus tous les jours jusqu'à guérison ou fin de la quarantaine.

Si dans l'urgence vous n'avez pas le temps de faire reposer de l'eau 24h car votre axolotl est très malade ou risque de contaminer les autres habitants de l'aquarium, il existe plusieurs solutions de secours dont l'objectif commun est de faire évaporer plus rapidement le chlore de l'eau:

- Utiliser un bulleur dans le bac pendant 1 heure pour faire évaporer le chlore plus rapidement.
- Faire reposer l'eau dans plusieurs contenants plus petits.
- Transvaser l'eau d'un contenant à un autre de manière répétée (20-30 fois).
- Utiliser de l'eau de l'aquarium (uniquement si les paramètres sont bons et si l'eau n'est pas contaminée par une maladie, donc à faire plutôt lors de l'arrivée d'un nouvel axolotl à intégrer mais pas en cas d'isolement d'axolotl malade).

Évidemment en parallèle préparez un bac infirmerie avec de l'eau claire que vous allez faire reposer 24h, ainsi le lendemain vous aurez de l'eau adaptée pour la quarantaine de votre axolotl.

Pour prévenir l'accumulation et le dépôt de bactéries, il est important de bien nettoyer les parois de votre bac infirmerie à chaque changement d'eau. Vous pouvez le faire en utilisant simplement de l'eau chaude et un chiffon propre.

On pensera également à mettre les bacs infirmerie à une distance suffisante de l'aquarium pour éviter toute contamination.

En cas de maladie contagieuse, il faudra veiller à désinfecter le bac infirmerie. Vous pouvez utiliser du vinaigre ménager ou du Virkon pour les maladies hautement transmissibles. Assurez-vous cependant de bien rincer à l'eau après avoir effectué la désinfection.

3. Comment savoir si votre axolotl est blessé et comment le soigner ?

En général un axolotl blessé présente des ecchymoses, des égratignures, une plaie ouverte, de la peau ou un bout de branchie ou de patte en moins.

Cela peut être dû à un environnement mal adapté (substrat abrasif, décors coupants, ...) ou à un congénère ou autre habitant de l'aquarium qui a pu le blesser.

Si la blessure est superficielle et "propre", les tissus vont se régénérer seul, vous devez donc juste surveiller régulièrement.

Vous pouvez envisager de mettre votre axolotl en quarantaine pour mieux le surveiller, voire de le mettre dans un bain de solution de Holtfreter ou d'Argent Colloïdal 15 ppm. Si sa santé ne s'améliore pas voire se dégrade, contactez en urgence votre vétérinaire.

Si la plaie est plus profonde ou importante, il faudra la désinfecter jusqu'à ce qu'elle soit bien cicatrisée. Pour cela il faut mettre votre axolotl en quarantaine dans un bac infirmerie et utiliser du désinfectant tel que l'eSHa-2000.

Gardez l'eau bien propre pour éviter une infection.

Une fois la plaie refermée et propre, vous pourrez remettre votre axolotl dans l'aquarium.

Astuce : La cicatrisation des axolotls est généralement plus rapide en températures fraîches (< 16°C).

Grâce à sa capacité de régénération, l'axolotl guérit généralement bien de ses blessures. Toutefois ce genre d'événement peut occasionner du stress à l'axolotl, il peut alors moins manger pendant un temps, il faut donc le surveiller.
De plus, il faudra adapter son environnement pour que cela ne se reproduise plus. Assurez-vous donc que la place dans l'aquarium soit suffisante, qu'il y ait suffisamment de cachettes pour tous les axolotls.

Il arrive parfois que l'axolotl saute en dehors de son aquarium, vous le retrouvez alors au sol et desséché. Dans ce cas, agissez vite en le mettant dans un bac infirmerie avec de l'eau reposée fraîche et avec de l'Argent Colloïdal 15ppm ou de l'eSHa-2000 voir du Temerol.
Appelez ensuite en urgence votre vétérinaire pour plus de conseils.

Ne lui donnez pas à manger et changez son eau 2 fois par jour.
Si votre axolotl a survécu, au bout d'une semaine, vous pourrez lui changer son eau une fois par jour et essayer de lui donner à manger, mais ne laissez rien dans son eau qui pourrait la polluer. S'il refuse de manger, retirez toute nourriture.

Il risque de perdre des morceaux de peau 10 à 15 jours plus tard, c'est normal. Gardez-le encore 4 ou 5 jours dans son bac infirmerie. Puis au bout de 3 semaines, vous pourrez normalement remettre votre axolotl dans son aquarium.

Pour éviter ce genre de blessure qui malgré tout reste courante et sont souvent fatales, couvrez votre aquarium à l'aide d'un grillage/filet et/ou laissez au minimum 15 cm entre la surface de l'eau et le sommet de l'aquarium.

4. Les maladies les plus courantes chez les axolotls et comment les traiter ?

L'axolotl peut être touché par différentes maladies dont voici une liste non exhaustive.

Naturellement en cas de souci de santé de votre axolotl **contactez rapidement votre vétérinaire** pour qu'il vous donne des conseils et des traitements adaptés !

Veuillez noter que l'efficacité des médicaments et traitements évoqués ne sont pas garanties à 100% car il n'y a pas suffisamment de recul ni d'essais réalisés sur leur utilisation avec les axolotls. En aucun cas, ce livre ou les conseils contenus ne remplace le diagnostic et le traitement prescrit par votre vétérinaire spécialisé. L'objectif ici est de vous partager des notions et connaissances de base pour vous aider à mieux comprendre les soucis de santé de vos axolotls et les traitements qui pourront vous être proposés par votre vétérinaire.

a. Intoxication

L'intoxication de l'axolotl peut être due à :

- Des mauvais paramètres de l'eau.
- À l'utilisation de produits chimiques qui ont pu être ajoutés directement dans l'eau, ou vaporisés dans l'air proche de l'aquarium.
- Des décorations non adaptées ou qui ont été bouillies et qui ont relâché des produits chimiques dans l'eau.
- Des aliments non adaptés (intoxication alimentaire).
- Des médicaments (intoxication médicamenteuse).

Les symptômes qui peuvent être observés chez un axolotl intoxiqué comprennent, entre autres, des comportements ou des mouvements anormaux, des selles diarrhéiques (éventuellement avec du sang), une perte d'appétit, des vomissements, une sensibilité accrue, des saignements internes, des problèmes hépatiques (jaunisse), une coloration ou une inflammation anormale des muqueuses, une desquamation des branchies et de la muqueuse, des gonflements locaux et douloureux, une ascite, des brûlures, des œdèmes cutanés, etc.

S'il s'agit d'une **intoxication au NO2- ou NO3-** due à des mauvais paramètres de l'eau, l'axolotl intoxiqué aura tendance, dans un premier temps, à remonter régulièrement à la surface pour respirer, il sera rouge et agité. (On rappelle que les nitrites doivent absolument être à 0mg/l et les nitrates inférieurs à 20mg/l.)

Le cas échéant, il faut sortir immédiatement le ou les axolotl(s) de l'aquarium et les placer dans un bac infirmerie. Vous pouvez leur faire un bain d'argent colloïdal ou de la solution de Holtfreter pour les apaiser, le temps de contacter votre vétérinaire.
Puis, changez l'eau plusieurs fois par jour et surveillez-les.
Un changement d'eau de l'aquarium à hauteur de 20-40% pourra être effectué pour rétablir progressivement un bon cycle. Assurez-vous également que le débit de la pompe soit optimal et adapté si ce n'est pas le cas, procédez à un nettoyage du filtre et à une vérification de son bon fonctionnement. Attendez ensuite que les valeurs soient correctes avant de réintroduire vos axolotls dans leur habitat.

Si l'origine de l'intoxication est autre ou si vos axolotls sont toujours mal en point malgré les bons paramètres de l'eau, il est urgent de contacter votre vétérinaire.
Apportez avec vous les restes des produits éventuellement responsables d'une intoxication, l'emballage et la notice d'utilisation. Il est important d'évaluer la quantité absorbée et la durée d'absorption, de fournir des informations détaillées sur les symptômes observés ainsi que sur les mesures d'urgence déjà prises. Pensez à prélever également une partie de l'eau de votre aquarium pour valider avec votre vétérinaire que l'eau est bien saine.

En parallèle, il sera nécessaire de procéder à un changement complet de l'eau de l'aquarium et de bien le rincer, ainsi que de nettoyer les masses filtrantes, le sable, les plantes et les décorations. Une fois l'aquarium réaménagé, un nouveau processus de rodage devra être effectué pour établir un équilibre de l’eau saine.

Un axolotl intoxiqué peut garder des séquelles, dont le dysfonctionnement d'organes. Bien que les axolotls aient la capacité de se régénérer, ce processus nécessite du temps et, malheureusement, il peut parfois être insuffisant et malgré les efforts et les soins, certaines intoxications peuvent entraîner la mort de l'axolotl. Cependant, si le propriétaire et le vétérinaire agissent rapidement et de manière efficace, les risques de séquelles graves et de mort peuvent être réduits.

b. Choc thermique

Un choc thermique est un accident lié à la température, c'est lorsqu'il y a un **changement de température brusque et important**.

L'axolotl est un **poïkilotherme** (dit à sang froid), c'est-à-dire que sa température dépend directement de la température de l'eau dans laquelle il vit. Les fluctuations de la température de l'eau ont donc un effet direct sur le métabolisme de l'axolotl.

Ainsi l'axolotl doit bien être maintenu dans une eau entre 15-18°C et sans dépasser les 22°C. L'exposition au soleil et à une forte chaleur peut être très dangereuse pour les axolotls provoquant des coups de chaleur et pouvant être mortel. Aussi des changements de températures trop rapides ou trop fréquents peuvent stresser et choquer le métabolisme de l'axolotl.

Les chocs thermiques fragilisent l'axolotl qui sera davantage stressé et sujet à des maladies. Il pourra notamment développer des mycoses, il aura tendance à moins manger dû au stress et donc risque l'anorexie.
Enfin les chocs thermiques peuvent mener à la mort de l'axolotl, il est donc important de bien surveiller régulièrement la température de votre aquarium et le comportement de vos axolotls. Ne placez pas votre aquarium en plein soleil mais plutôt dans un endroit frais et équipez-vous d'un groupe froid si la pièce ne peut pas maintenir une température suffisamment basse pour votre aquarium. A l'inverse, n'ajoutez jamais une eau trop froide dans votre aquarium.

c. Abcès

L'abcès est souvent dû à l'**infection d'une plaie dans la bouche** lorsque l'axolotl a essayé d'avaler quelque chose qui le blesse. L'abcès ressemble à une sorte de boule qui déforme la tête de l'axolotl. Cela est douloureux pour l'axolotl ce qui l'empêche généralement de s'alimenter.

La plupart du temps, l'abcès grossira et finira par éclater (cela peut prendre quelques semaines). Avant que cela n'arrive, prévoyez d'isoler votre axolotl en bac infirmerie avec de l'eau reposée. Une fois l'abcès éclaté, traitez à l'eSHa-2000, ou à l'Argent Colloïdal15 ppm afin d'éviter les risques d'infection.

Si l'abcès ne se perce pas ou si la plaie une fois percé ne cicatrise pas bien ou s'infecte, faites appel à un vétérinaire !

L'axolotl retrouve son appétit une fois que la blessure ne le gêne plus.

d. Ascite

C'est un **gonflement du ventre de l'axolotl** due à une rétention de liquide causée par des lésions internes, des carences nutritionnelles, une intoxication, la vieillesse, des anomalies génétiques, ...

Lorsqu'un axolotl souffre d'ascite, son ventre se gonfle et sa peau apparaît distendue, ce qui rend les sillons costaux moins visibles.

Il s 'agit d'une urgence vétérinaire ! Ce dernier pourra ainsi drainer le liquide pour soulager l'axolotl et proposer un traitement adapté. Sans cette intervention, l'axolotl mourra en quelques jours.

e. Chytridiomycose ou "chytride"

C'est une **maladie infectieuse due à un champignon aquatique** qui s'attaque aux amphibiens dont l'axolotl. Ce champignon (de la famille des chytrides) provoque la décomposition de la peau "nécrose" et rend la peau du l'axolotl moins perméable ce qui l'empêche de bien s'hydrater et de respirer.

Elle peut être transmise par des poissons, des plantes, des escargots, ...

C'est une maladie courante et **dangereuse chez les amphibiens** domestiques mais qui est aussi responsable de la dévastation de certaines espèces d'amphibiens dans la nature de par sa forte contagiosité et dangerosité.

Parmi les symptômes on peut retrouver des taches noires sur le corps et de l'anorexie mais c'est parfois asymptomatique (il n'y a pas de symptômes apparents).

Il s'agit d'une urgence vétérinaire ! Ce dernier prescrira un traitement adapté. Sans traitement, la mort survient en quelques semaines.

Il vous faudra également **désinfecter rigoureusement tout votre aquarium** incluant les plantes, le matériel utilisé pour le nettoyage etc... car ce champignon est résistant et très dangereux et il peut se transporter très facilement et se transmet dans l'eau par des spores.

Vérifiez également l'état de vos autres axolotls qui peuvent facilement avoir été contaminés aussi, en général on traitera tous les individus par précaution. D'autant plus que la chytridiomycose se déclenche après une période d'incubation, ainsi l'axolotl paraît sain alors qu'il est contaminé.

f. Maladies parasitaires

Infestation par des vers internes les "**endoparasites**" qui se logent dans les organes tel que le tube digestif par exemple, pouvant causer notamment des diarrhées et de l'anorexie.

Quelques exemples d'endoparasites : Ciliés, Costia, Hexamita, Nématodes, Opalina, Trichodina, ...

Consultez votre vétérinaire pour qu'il vous prescrive un antiparasitaire adapté.

Exemples d'antiparasitaires pour endoparasites utilisés pour les axolotls: Flagyl (uniquement sur ordonnance), Panacur (antiparasitaire à la base fait pour les chiens et chats), eSHa-ndx (prévu pour les aquarium), eSha Hexamita,...

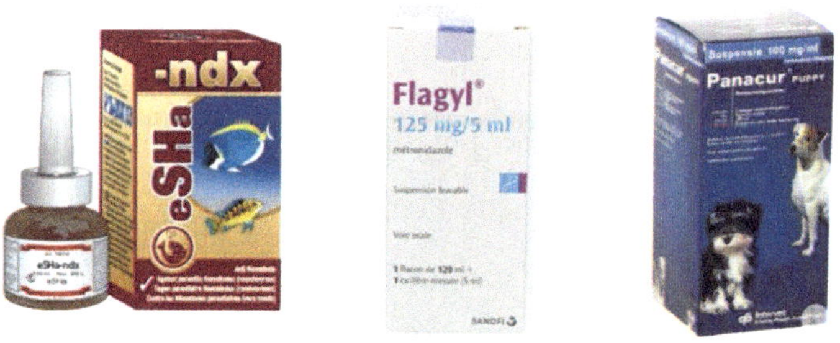

Antiparasitaires

Avec un traitement antiparasitaire, une nette amélioration devrait être observée rapidement : récupération de l'appétit, déjections d'aspect normal.

Infestation par des vers externes les "**ectoparasites**" qui se mettent sur la peau, la cavité buccale ou les branchies notamment. L'axolotl peut alors avoir des difficultés respiratoires et de petites hémorragies sur les branchies.

Les parasites externes sont souvent visibles puisqu'ils se mettent sur l'axolotl, mais ils sont contagieux et il est difficile d'en venir à bout.

Quelques exemples d'ectoparasites : Dactylogyrus (vers des branchies), Gyrodactylus (vers de la peau), Platyhelminthes, Vers Lernaea dit vers "Y" ou Vers Ancre, l'argulus ou "poux de la carpe'...

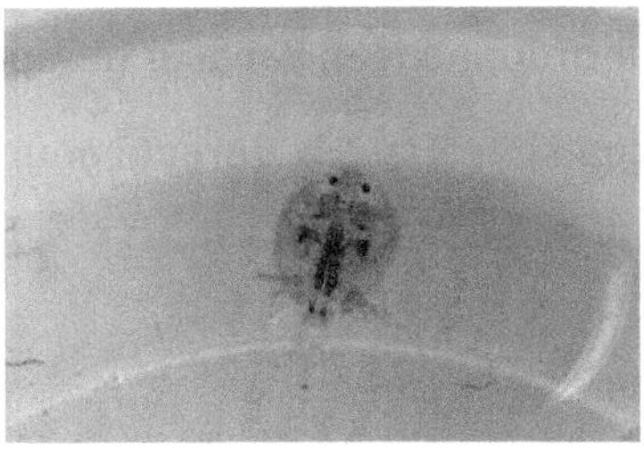

Argulus - "Poux de la carpe" (CC2.0 Donald Hobern)

Consultez alors votre vétérinaire pour qu'il vous indique un **antiparasitaire** adapté au parasite identifié.

En attendant, un bain de sel non iodé pourra aider vos axolotls à lutter contre ces ectoparasites.

Avec un traitement antiparasitaire, une nette amélioration devrait être observée rapidement : morts des parasites et peau plus saine.

Pour éviter les parasites qu'ils soient internes ou externes, pensez à mettre en quarantaine les aliments vivants avant de les mettre dans l'aquarium avec vos axolotls. Soyez également rigoureux en termes d'hygiène.

Aussi si l'un de vos axolotls est contaminé, il est fort probable que les autres le soient aussi même s'ils ne présentent pas de symptômes. Il faudra alors tous les isoler en bac infirmerie pour les surveiller individuellement.
Puis faites un grand nettoyage de votre aquarium pour éviter que vos axolotls ne soient contaminés. Il vous faudra du coup refaire un rodage complet de l'aquarium avant de pouvoir réintroduire vos axolotls une fois guéris.

g. Flottements

L'axolotl reste à la surface de l'eau, il n'arrive plus à se maintenir au sol, la plupart de temps il s'agit de gaz et cela est généralement due à une mauvaise alimentation ou un stress important. Cela peut être temporaire et passer tout seul mais si cela perdure il faut aider votre axolotl.

Afin de remédier à cette situation, il est recommandé de placer l'axolotl dans un bac d'infirmerie. Ce bac doit être positionné dans un endroit semi-obscure voire sombre, et il convient de n'ajouter qu'une quantité d'eau suffisante pour que l'axolotl soit immergé et que ses pattes puissent rester en contact avec le sol. Cette configuration permettra à l'axolotl de se sentir plus sécurisé et apaisé.
Il est conseillé de mettre l'axolotl à jeun pendant une période de 2 à 3 jours afin de permettre l'éventuelle expulsion de substances gênantes telles que les gaz ou les excréments. Les flottements devraient alors cesser.
Pour le vérifier, ajoutez progressivement de l'eau dans le bac infirmerie pour voir si les flottements ont bien pris fin.
Si après une semaine le flottement persiste toujours, ou si d'autres symptômes apparaissent entre-temps, contactez votre vétérinaire car ce comportement peut également cacher une pathologie plus sévère.

Pour éviter les flottements, revoyez l'alimentation de votre axolotl, et essayez d'identifier la ou les sources de stress afin de les annihiler. Testez également vos paramètres d'eau tels que les NO2- et NO3- et faites un changement d'eau si besoin.

h. Mycoses

La mycose est une **infection provoquée par la présence de champignons parasites** qui vont se développer la plupart du temps sur des zones abîmées ou blessées.
Une mycose est facilement identifiable à l'œil nu, car elle se traduit par la présence de masses blanches à l'aspect cotonneux ou sous la forme d'un voile blanc et épais, recouvrant une zone plus ou moins localisée du corps de votre axolotl : branchie(s), queue, patte(s), corps, plaie(s).

Elle peut surgir soudainement et sans signe préalable. Le champignon le plus souvent associé à ces mycoses est le Saprolegnia. Il a tendance à se développer dans des conditions d'eau trop chaude (supérieure à 22°C), en présence d'une racine dans l'aquarium qui peut acidifier l'eau, ou si de la nourriture moisie n'a pas été retirée de l'aquarium. Les axolotls qui sont blessés ou affaiblis sont plus susceptibles d'être touchés.

Contactez votre vétérinaire pour qu'il vous indique la marche à suivre et le traitement adapté.
Généralement pour traiter une mycose, il faut mettre l'axolotl en quarantaine dans un bac infirmerie et lui effectuer un bain intensif au sel non iodé, si la mycose est importante ou si elle touche les yeux, il faudra utiliser plutôt de l'eSha-2000 voir du Temerol selon la gravité.

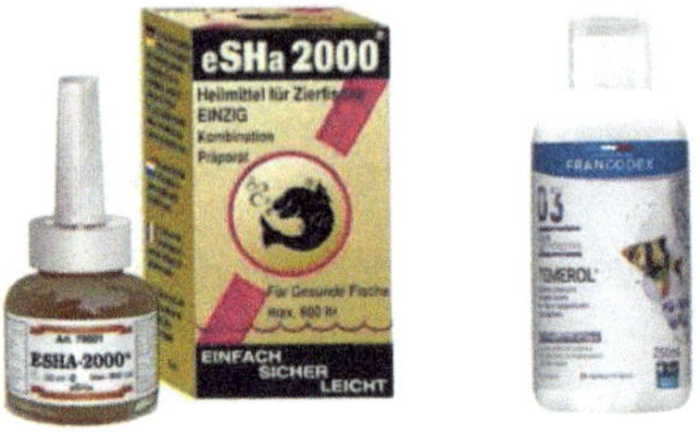

ESha-2000, Temerol

Si la mycose est traitée rapidement, elle devrait se résorber en 24 à 48 heures. Cependant, il est recommandé de poursuivre le traitement pendant 2 à 3 jours pour prévenir toute rechute éventuelle.

La mycose étant contagieuse, il faudra surveiller et traiter le cas échéant les autres axolotls de l'aquarium.
Dans le cas où vos axolotls ont pondu des œufs pendant cette période, il est important de noter qu'ils peuvent également être infectés. Par conséquent, il sera nécessaire de les traiter également.

Afin d'éviter des mycoses il est donc conseillé d'avoir une bonne hygiène de son aquarium, une température adaptée et un bon équilibre de l'eau.

i. Occlusion

L'axolotl a ingéré un cailloux, galet, ou tout autre élément de décor inadapté, ce qui entraîne alors une obstruction de son système digestif. L'axolotl refuse de s'alimenter, devient anorexique, et peut se mettre à vomir. Le cloaque de votre axolotl est très rouge, gonflé et/ou ouvert. Il fait alors une occlusion !

Isolez votre animal en bac infirmerie avec de l'eau reposée, puis contactez votre vétérinaire spécialisé en urgence !

Votre vétérinaire pourra alors effectuer une radio pour identifier l'élément étranger.

S'il s'agit d'un petit élément, le traitement consiste généralement à administrer à votre axolotl 1ml d'huile de paraffine dans la bouche à l'aide d'une pipette et ce pendant 3 jours. L'huile de paraffine devrait aider votre axolotl à expulser ce qu'il a ingéré et il devrait finir par se réalimenter et déféquer.

Huile de paraffine

En revanche, s'il n'y a pas d'amélioration après les 3 jours de traitement à l'huile de paraffine, ou si le vétérinaire à identifier un gros galet ou autre gros objets qui obstrue l'axolotl, il procédera alors à une intervention pour extraire l'élément étranger de votre axolotl.

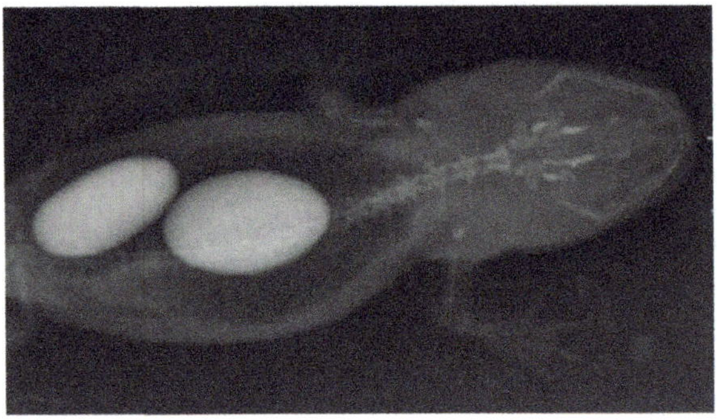

Radio d'un axolotl ayant ingéré des galets

Une réadaptation de l'environnement de l'aquarium doit être effectuée pour éviter que cela ne se reproduise !

Remarque : il peut exister d'autres causes à une occlusion telle qu'une tumeur.

j. Pathologies oculaires

Un œil ou les deux yeux de l'axolotl sont troubles ou blanchâtres. Cela peut être dû à une blessure, une infection bactérienne, une cataracte, un glaucome, à une alimentation trop riche en lipides, ...

Comme d'habitude, il est conseillé de contacter votre vétérinaire spécialisé. Le traitement généralement utilisé est le Temerol et les yeux reprennent alors leur couleur normale après le traitement (cela pourra prendre de quelques semaines à quelques mois avant que la régénération ne se fasse entièrement.). S'il n'y a pas d'amélioration ou en cas de rechute, consultez de nouveau votre vétérinaire.

Afin d'éviter les pathologies oculaires, on fera attention à l'alimentation et à l'aménagement de l'aquarium.

k. Anorexie

L'axolotl **refuse de s'alimenter**, cela peut être dû au stress, à une maladie, à un changement alimentaire brusque, un abcès, une infection, une blessure, des troubles digestifs, une mauvaise maintenance, ... Il finit par **maigrir et s'affaiblir** de plus en plus, le rendant plus sensible aux autres maladies et pouvant causer la mort. On parle alors d'anorexie.

Il faudra donc tenter de redonner envie à votre axolotl de s'alimenter en lui proposant un environnement plus équilibré et apaisant, et/ou en lui proposant une alimentation plus appétant pour le stimuler et l'encourager à manger. Pour ce faire on l'isole en bac infirmerie avec de l'eau reposée ce qui permettra de bien contrôler s'il mange.

L'anorexie peut également résulter d'une infestation parasitaire, notamment par des vers intestinaux. Il est important de surveiller les selles de votre axolotl. Si vous remarquez des selles glaireuses ou présentant un aspect inhabituel (un aspect "sain" ressemble à un rondin plutôt ferme), il est probable que votre axolotl soit parasité.

L'anorexie peut également être un symptôme d'une autre maladie. Dans ce cas n'hésitez pas à consulter votre vétérinaire spécialisé, qui pourra alors lui prescrire le traitement adapté.

I. Mode fantôme

L'axolotl devient très pâle tel un fantôme. Il s'agit d'un phénomène observable chez les axolotls de couleur clair.

Si cet état est passager et dure quelques heures voire une journée, il est probable qu'il s'agisse d'une chute de température qui le plonge alors en léthargie. Pendant cette période, il se repose complètement et le flux sanguin vers ses branchies ralentit, ce qui peut les faire paraître presque blanches.

Cependant, si cet état persiste pendant une période plus longue, cela peut indiquer **une anémie ou une décalcification**. Dans ce cas, il est important de consulter un vétérinaire qui pourra prescrire des traitements tels que le Calcivet ou des injections de calcium.
La décalcification peut être causée par la faible dureté de l'eau (GH bas), il est donc recommandé de tester la dureté de votre eau.

5. La boîte à pharmacie - les produits utiles à avoir chez soi

a. Bac infirmerie

Un bac d'infirmerie, également connu sous le nom de **bac de quarantaine**, est utilisé pour isoler un axolotl malade ou nouvellement acquis. Cela permet de surveiller de près l'animal, de traiter toute maladie sans risquer de contaminer les autres et d'acclimater un nouvel axolotl à son nouvel environnement.

Le bac à infirmerie est donc utilisé pour diverses raisons:

- Mise en quarantaine d'un nouvel axolotl qui doit être isolé minimum 15 jours avant d'être introduit dans l'aquarium avec les autres afin de s'assurer qu'il ne porte pas de maladies.
- Mise en quarantaine d'un individu malade pour qu'il ne contamine pas les autres mais également pour le soigner correctement et le surveiller.
- Mettre des bébés jusqu'à ce qu'ils atteignent une taille suffisante pour ne pas être mangés par les adultes.
- Mettre les axolotls le temps de nettoyer l'aquarium.
- Mettre vos axolotls, si les paramètres de votre aquarium présentent un quelconque danger et le temps de remettre les paramètres en ordre.

La taille du bac d'infirmerie dépend de la taille de l'axolotl. Un bac d'infirmerie pour un axolotl adulte doit faire au moins 0,20m2 soit un volume de 30-40L environ afin de donner à l'animal suffisamment d'espace pour se déplacer et pour faciliter la gestion de la qualité de l'eau. Si l'axolotl est encore jeune et petit, un bac plus petit de 15L peut être utilisé, mais il doit toujours avoir suffisamment d'espace pour que l'animal puisse se déplacer librement.

Ce bac consiste généralement en une **boîte plastique** (autour de 5-30€) ou idéalement un **aquarium dédié**.

Il est important que le bac de quarantaine soit carré ou rectangle mais pas rond tel un bocal, car l'axolotl a besoin de s'orienter vers les parois et se déplacer sur le sol.

Le bac à infirmerie doit être nu de tout substrat, plantes ou décorations pour que l'entretien journalier puisse être facilité et pour éviter toutes autres problématiques ou contaminations.

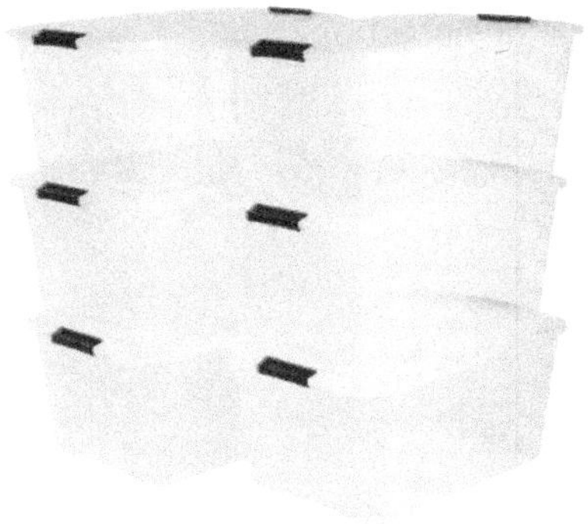

Exemple de bacs plastiques pouvant être utilisés comme bac infirmerie, il faudra créer une aération ou remplacer le couvercle par une grille

On ajoutera de l'**eau reposée** dans le bac infirmerie pour y accueillir l'axolotl.

Il vous faudra disposer d'un thermomètre dédié pour pouvoir surveiller la température du bac.

L'eau du bac infirmerie devra être changée tous les jours pour qu'elle reste propre et fraîche pour aider au bon rétablissement de votre axolotl.

Astuce : Il est recommandé d'avoir un deuxième bac infirmerie pour pouvoir faire un roulement avec l'eau reposée.

Pour prévenir l'accumulation et le dépôt de bactéries, il est important de bien nettoyer les parois de votre bac infirmerie à chaque changement d'eau. Vous pouvez le faire en utilisant simplement de l'eau chaude et un chiffon propre.

En cas de maladie transmissible, il est recommandé de désinfecter le bac. Vous pouvez utiliser du vinaigre ménager ou du Virkon pour les maladies hautement transmissibles. Assurez-vous cependant de bien rincer à l'eau après avoir effectué la désinfection.

b. Sel non iodé

Le sel non iodé est un des indispensables à avoir dans sa pharmacie pour axolotl.

Le sel non iodé correspond à du chlorure de sodium (NaCl) sans adjonction d'aucune d'iode ni d'autres éléments nocifs pour l'axolotl.

Ce sel est facilement trouvable en grande surface car il s'agit du sel utilisé pour les lave-vaisselle (0,65-1€/kg).

Les sels de table ne conviendront pas car ils sont tous enrichis en iode (sauf le sel de Guérande gris qui en contient très peu).

> Attention : Il faudra tout de même être vigilent sur la composition de certains sels pour lave-vaisselle qui peuvent contenir des additifs nocifs.

Exemples de sels non iodés adaptés

Ce sel a des bienfaits antiseptiques, antibactériens et antifongiques. Toutefois il ne faudra pas en abuser, car en grande quantité, ce sel devient nuisible pour la santé de nos axolotls (hypertension, saignements des branchies, ...).

Il est recommandé d'utiliser ce sel non iodé uniquement en bac infirmerie. En effet, ce sel n'est absolument pas apprécié par les plantes (et les invertébrés), n'en mettez donc pas directement dans votre aquarium.

On utilise généralement ce sel non iodé dans les cas suivant :

- Contre les infections fongiques légères.
- Pour aider à lutter contre certaines infections bactériennes.
- Pour aider à lutter contre des mycoses.
- En cas d'infestation par certains parasites externes.
- Comme désinfectant pour nettoyer les plaies.

Il existe deux modes de traitement possibles au sel non iodé :

- Le **bain de sel intensif**, utilisé généralement pour le traitement des mycoses. Le principe est d'y mettre l'axolotl une fois par jour durant quelques minutes (max 20 min, sinon cela pourrait endommager la peau et les branchies de l'axolotl). Pour cela, on verse de l'eau fraîche reposée avec la quantité de sel non iodée adaptée dans un bac infirmerie.

  Plus on augmente la quantité de sel, plus la durée du bain doit être courte :

  - Pour une mycose légère : 5g par litre d'eau, une fois par jour pendant 20 minutes.

  - Pour un mycose plus sévère: 10g par litre d'eau, une fois par jour pendant 10 minutes.

- Si la mycose persiste ou bien si elle est très étendue ou sévère : 15g par litre d'eau, une fois par jour pendant 5 minutes.

On vérifie que le sel se dissout bien avant d'y mettre l'axolotl à traiter.

Il faut vider le bain avec la solution après chaque usage et on effectue ce traitement une fois par jour pendant 3 jours, les symptômes devraient alors disparaître.

- **Bain de sel permanent**, utilisé pour les mycoses ou pathologies touchant la peau. Il est plus léger mais constant puisque l'axolotl va vivre pendant quelques jours dans ce bain. Pour cela, on verse de l'eau fraîche reposée avec la quantité de sel non iodée adaptée dans un bac infirmerie. Le dosage pour ce bain permanent est de 5g pour 10 litres d'eau.

  On vérifie que le sel se dissout bien avant d'y mettre l'axolotl à traiter.

  Il faut renouveler l'eau avec la solution entièrement et cela tous les jours.

  L'axolotl vit dans ce bain permanent pendant maximum 6 jours.

Veuillez-vous référer à votre vétérinaire spécialisé pour connaître le meilleur protocole à adopter selon la problématique.

c. Argent Colloïdal 15 ppm

L'Argent Colloïdal15 ppm est une **solution d'eau contenant des particules extrêmement fines d'argent** (15-20€/L). C'est à mettre dans l'aquarium ou dans un bac infirmerie.

Le terme "15 ppm" signifie que la concentration d'argent est de 15 parties par million, ce qui indique la quantité d'argent présente dans la solution.

Il sert à éliminer des germes, microbes, bactéries, virus, champignons tout en conservant les "bonnes" bactéries utiles à l'équilibre de l'eau.

De plus, l'Argent Colloïdal pourrait contribuer aux défenses immunitaires de vos axolotls ainsi qu'à conserver une peau saine.

Argent Colloïdal 15 ppm

Ce traitement se fait en général en bac infirmerie avec une concentration de 1 à 5 ml d'Argent Colloïdal15ppm pour 1 litre d'eau, environ 10 à 30 minutes, une à deux fois par jour. Il est important de noter que l'utilisation de l'argent colloïdal doit être effectuée avec prudence, car une utilisation excessive peut conduire à une intoxication par l'argent.

Veuillez donc vous référer à votre vétérinaire spécialisé pour connaître le meilleur protocole à adopter selon la problématique.

d. Poudre de Montmorillonite

La poudre de montmorillonite est souvent utilisée pour améliorer la qualité de l'eau de l'aquarium car elle peut absorber les contaminants présents dans l'eau, comme les métaux lourds et les toxines, ce qui contribue à créer un environnement plus sûr et plus propre pour les axolotls. (Autour de 10€/kg)

Elle a également des actions désinfectantes en cas de mycose légères par exemple.

Elle rend l'eau trouble au démarrage puis au bout de 24h avec l'effet du filtre l'eau sera limpide. Cela agit également pour les plantes. Une fois retombée au sol, cette poudre sert aussi d'engrais pour les plantes naturelles.

On peut en mettre 1 fois par mois (0.5g à 1g de Montmorillonite pour 100 litres d'eau), mais attention tout de même de ne pas en mettre en trop grande quantité car cela peut boucher le filtre.

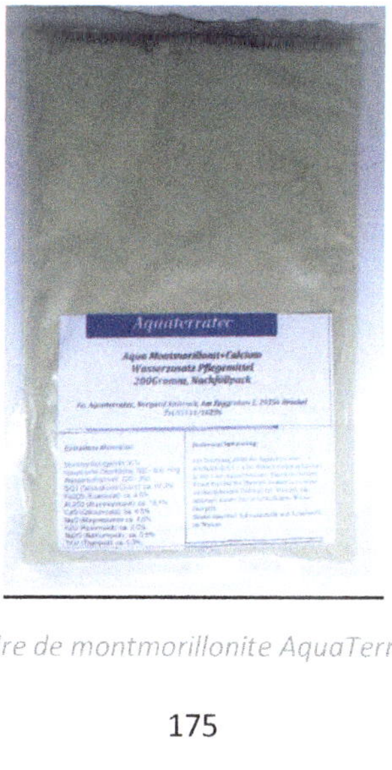

Poudre de montmorillonite AquaTerratec

e. Solution de Holtfreter

La Solution de Holtfreter est une solution physiologique inventée par la biologiste et zoologiste allemande Johannes Holtfreter qui a réalisé de nombreuses études sur les cellules des embryons d'amphibiens.

Elle se compose majoritairement de chlorure de sodium (NaCl), de chlorure de potassium (KCl), de bicarbonate de sodium (NaHCO3) et de chlorure de calcium (CaCl2).

Ces sels sont utiles à la régulation de l'équilibre ionique et du pH et ils fournissent les conditions nécessaires à la vie des amphibiens dans un environnement artificiel.

Cette solution physiologique est souvent utilisée en laboratoire mais elle peut être utilisée en aquarium pour aider le maintien d'une bonne qualité de l'eau.

En fournissant un environnement d'eau qui imite plus étroitement les conditions naturelles de l'axolotl, la solution de Holtfreter peut aider à soutenir la santé globale des axolotls et à prévenir les problèmes de santé liés à une mauvaise qualité de l'eau. Néanmoins cela ne vous évitera pas de contrôler votre eau régulièrement et d'y effectuer des changements si les paramètres ne sont pas bons ou si le cycle n'est pas équilibré.

Cette solution peut se trouver en pharmacie.

f. E-SHa-2000

eSHa-2000 est un **désinfectant à large spectre** qui traite de nombreux symptômes et maladies, comme le stress, les blessures, les mycoses, les infections bactériennes et parasites de la peau, l'Oodinium, etc. (Autour de 10€ le flacon de 20ml). Il est une alternative avantageuse au Bleu de Méthylène, devenu plus difficile à obtenir en pharmacie.

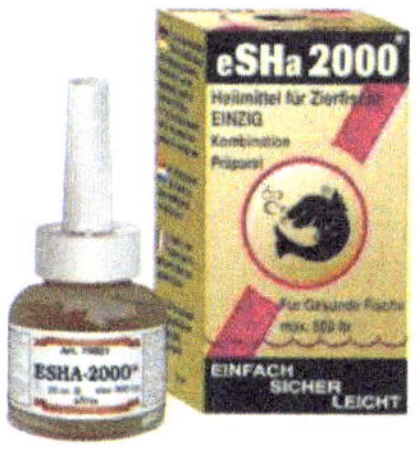

e-SHa-2000

Ce traitement peut être utilisé en toute sécurité pour les axolotls, les poissons et les crevettes. Cependant, il doit être évité en présence d'escargots.

Un avantage du eSHa-2000 est qu'il n'élimine pas les "bonnes bactéries" présentes dans le filtre.

Les dosages recommandés sont indiqués sur le produit. Le traitement dure minimum 3 jours mais peut être prolongé si besoin jusqu'à un maximum de 6 jours.

Pour une utilisation en bac infirmerie, il est important de noter que l'eau du bac doit être entièrement renouvelée chaque jour et les dosages d'eSHa-2000 doivent évidemment être adaptés au volume du bac.

g. Temerol

Le Temerol est un **antibactérien polyvalent** qui est sans danger pour traiter les axolotls et les poissons. En revanche, il est à proscrire en présence de crevettes et/ou d'escargots. (Autour de 15-20€ pour un flacon de 100ml)
Il est notamment utile contre les mycoses, certaines bactéries et blessures.

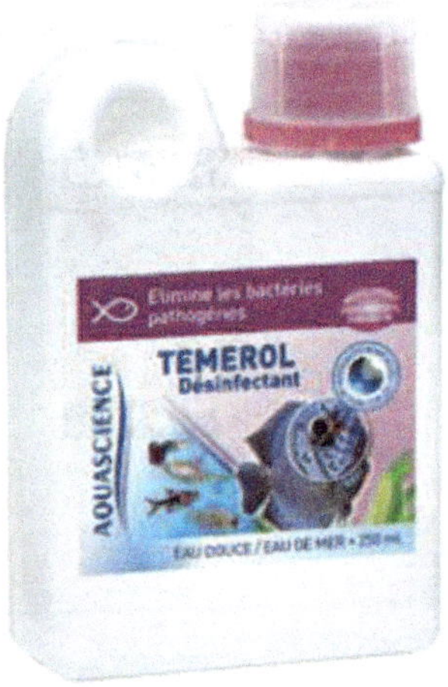

Temerol

Le Temerol détruit toutes les bactéries, les bonnes comme les mauvaises. L'utilisation du Temerol en aquarium nécessite donc de refaire un rodage d'un mois après son utilisation.
S'il est utilisé en bac infirmerie il faudra changer l'eau intégralement tous les jours.

Veuillez-vous référer à votre vétérinaire spécialisé pour connaître le meilleur protocole à adopter selon la problématique.

h. Virkon S

Le Virkon S est un **désinfectant antibactérien et fongicide**. Il est utile pour désinfecter les supports et ustensiles que vous utilisez et notamment lorsqu'un de vos axolotls est contaminé par une maladie hautement transmissible, évitant ainsi de le recontaminer ou de contaminer ses congénères. (Autour de 40€/kg).

Attention : On pensera à bien rincer avec de l'eau après l'utilisation du Virkon, car il est abrasif et peut brûler la peau des axolotls.
Utilisez également le Virkon avec des gants pour vous éviter des irritations et éventuelles brûlures.

Virkon

Pour des maladies moins transmissibles, il est possible d'utiliser du **vinaigre blanc** à la place du Virkon, ce dernier étant relativement cher. Mais le Virkon reste un indispensable pour les maladies hautement transmissibles.

i. Vitamines

Les axolotls malades ou affaiblis peuvent avoir besoin d'un **apport supplémentaire de vitamines et calcium**. On utilise généralement le Calcivet.

Ces vitamines s'achètent chez votre vétérinaire, en animalerie spécialisée ou sur internet (15-20€ pour 100ml). Les vitamines s'administrent généralement par voie orale avec une seringue (sans aiguille).

Calcivet

j. Vermifuges

Les vermifuges sont utiles pour **lutter contre les parasites** qui contaminent vos axolotls. Il en existe plusieurs avec des actions parfois spécifiques à certains types de parasites.

En voici quelques exemples : eSHa-dnx (10-15€ le flacon de 20ml), Flagyl (sur ordonnance, 3,60€ les 120 ml) , Panacur (20-30€ les 100ml).

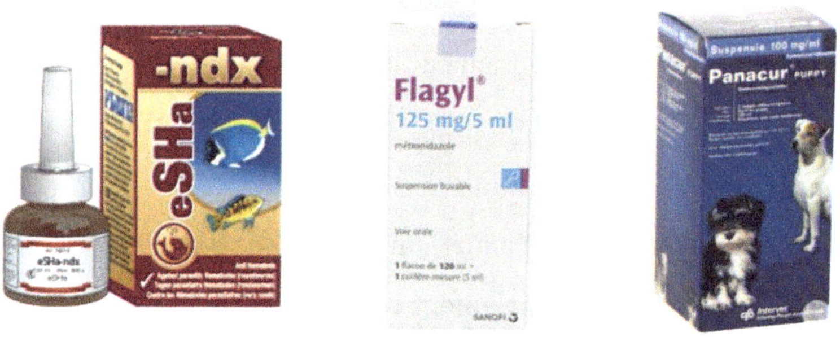

Vermifuges / Antiparasitaires

Veuillez-vous référer à votre vétérinaire spécialisé pour connaître le meilleur vermifuge à utiliser selon la problématique.

6. Désinfecter son aquarium

Suite à un ou plusieurs cas de maladie grave, il sera nécessaire de désinfecter l'aquarium de vos axolotls ainsi que tout le matériel associé.

Pour ce faire, vous aurez besoin de désinfectant tel que le Virkon. Utilisez ce produit avec des gants pour éviter de vous brûler, faites également attention aux projections.

1) Isolez vos axolotls dans un bac infirmerie déjà désinfecté et propre.
2) Désinfectez l'aquarium:
    a) Videz l'aquarium.
    b) Désinfectez l'aquarium au Virkon, pour cela respectez la notice (normalement on est sur du 1g pour 1L d'eau) et verser le mélange dans un vaporisateur. Vaporisez sur les parois de votre aquarium, puis laissez sécher.
    c) Rincez l'aquarium, puis recommencez la désinfection (étape 3) une seconde fois.
    d) Rincez abondamment.
3) Désinfectez les plantes (ou les changer) :
    a) Laissez tremper les plantes pendant plusieurs minutes dans un bac contenant du Virkon et de l'eau (1g pour 1L d'eau, en fonction de la notice).
    b) Rincez les plantes et les laisser dans un bac avec de l'eau claire pendant 24h avant de les réintroduire dans l'aquarium.

4) Désinfectez le substrat (ou le changer) :

   a) Vous pouvez désinfecter le substrat en le passant au four sur une plaque et recouvert d'eau pendant environ 1h à 150°C ou en le faisant bouillir. Néanmoins, il est souvent moins contraignant de le changer complètement.

5) Désinfectez les décorations, cachettes, bac infirmerie, et matériel ... (ou les changer) :

   a) Il vous suffit de les laisser tremper dans un bain de virkon (1g de Virkon pour 1L d'eau) pendant plusieurs minutes.

   b) Rincer abondamment avant de les réintroduire.

6) Désinfectez le système de filtration :

   a) Les contenants et tuyaux devront être nettoyés avec un goupillon et une solution Virkon (1g de Virkon pour 1L d'eau), puis rincez abondamment.

   b) Les masses filtrantes devront être jetées et remplacées.

   c) La pompe devra être nettoyée et avoir tourné dans une solution de virkon ou de vinaigre blanc, puis dans de l'eau claire pour bien la rincer.

   d) Faites ensuite tourner l'ensemble du système de filtration dans une eau claire pendant 24h pour vous assurer que le tout soit bien rincé.

7) Le matériel d'entretien et de nettoyage utilisé devra être désinfecté également puis rincé.

Une fois tous les éléments désinfectés correctement, il vous faudra bien évidemment redémarrer un rodage de l'aquarium.

7. La régénération chez l'axolotl

L'axolotl, quel que soit son âge, a la particularité de pouvoir se régénérer, par conséquent si l'axolotl subit une amputation d'un membre externe, aucune cicatrice ne se forme et le membre amputé peut se reformer progressivement.
Cette particularité intéresse beaucoup de chercheurs qui cherchent à pouvoir l'appliquer un jour à l'homme. Cette régénération se fait par "épimorphose", c'est-à-dire par multiplication rapide de cellules à la surface de l'amputation et peut durer plusieurs semaines.

Néanmoins, ce n'est pas parce que l'axolotl peut se régénérer qu'il ne faut pas lui apporter des soins, d'autant plus que cette régénération dure un certain temps et qu'il y a des risque d'infections ou de dégradation de l'état de santé de l'animal, pouvant entraîner la mort.

La reproduction des axolotls

1. La reproduction de l'axolotl

Les axolotls sont des animaux **ovipares**, ce qui signifie qu'ils pondent des œufs qui se développent en dehors du corps de la mère. Le mâle dépose un spermatophore que la femelle récupère pour féconder ses œufs.

La reproduction de l'axolotl est fréquente en aquarium et peut être facilement observée. Cependant, pour favoriser ce processus, il est important d'avoir des conditions environnementales optimales. Vous pouvez également abaisser la température de l'eau à 10-15°C et/ou séparer les mâles et les femelles pendant une période de dix jours pour stimuler la reproduction.

Il est également important de noter que la reproduction de l'axolotl nécessite une grande rigueur et une attention constante aux conditions de l'aquarium. Il est donc recommandé de bien connaître les besoins de ses animaux avant de tenter de les reproduire.

Contrairement à certains animaux, la femelle de l'axolotl est capable de produire des œufs sans la présence d'un mâle. Toutefois, la **présence d'un mâle est nécessaire** pour que les œufs soient fertilisés et que la femelle puisse pondre.

Lorsque les œufs de la femelle axolotl sont prêts à être fécondés, elle sécrète une odeur particulière qui attire l'attention du mâle. Le mâle se met alors en quête de la femelle prête à s'accoupler. Il va la chercher en approchant sa tête du cloaque des femelles de l'aquarium, comme s'il les poussait, c'est alors que débute la parade amoureuse : les branchies du mâle se teintent alors d'une couleur rouge vif, son cloaque se gonfle en raison de l'afflux de sang, il est plus actif, il effectue une sorte de danse pour séduire la femelle.

Le mâle dépose des **spermatophores**, une substance gélatineuse en forme de cône contenant des spermatozoïdes. Pendant la période de reproduction, il peut en produire environ une dizaine tous les 10 à 15 jours. Une fois qu'une femelle repère un spermatophore, elle se positionne au-dessus et l'introduit dans son cloaque, où la fécondation a lieu.

La ponte des œufs a lieu de 1 à 3 jours après que la femelle ait pris le spermatophore. Les œufs sont pondus un par un et sont accrochés à différents supports tels que des plantes, des décorations, des pierres de l'aquarium. La ponte peut s'étaler sur plusieurs jours et se faire en plusieurs fois. En général, une femelle pond entre **100 et 600 œufs**.

Les œufs d'une femelle albinos blanche, gold et copper sont blancs, tandis que ceux des autres femelles sont noirs ou bicolores (noir et blanc). La couleur des œufs n'a aucun lien avec la couleur des futurs bébés axolotls.

Œufs d'axolotl (CC BY-SA 3.0 Sarefo)

2. Que faire des œufs ?

Les femelles produisent des œufs en permanence et il est nécessaire qu'un mâle soit présent pour féconder les œufs et stimuler la ponte.
Toutefois, il y a peu de risques de se retrouver avec une surpopulation d'axolotls car les axolotls mangent leurs œufs. Les œufs qui auront survécu donneront alors des larves, mais ces larves ont également un grand risque de se faire manger par les adultes. Finalement, il y a peu de chance que les œufs donnent des axolotls adultes. Néanmoins, si les adultes ne mangent pas tous les œufs vous pouvez les retirer vous-même avec une épuisette un siphon ou à la main et les mettre dans un bac au congélateur pour interrompre leur développement.

Enfin, si vous voulez éliminer tous risques, vous pouvez ne détenir que des mâles.

Si vous souhaitez faire de l'élevage, il est conseillé de retirer les œufs de l'aquarium pour les mettre dans un bac indépendant ou alors de les rendre inaccessibles aux adultes pour éviter qu'ils ne les mangent.

Les œufs fécondés éclosent alors au bout de 10-20 jours. A l'éclosion, les petits ont leur sac vitellin à résorber, on ne les nourrit donc pas pendant les 2-3 premiers jours.
Puis les petites larves d'axolotls doivent être nourris 3-4 fois par jour avec des proies vivantes de taille adaptée à leur bouche (ils ne sont stimulés que par le mouvement de leur nourriture et ne consomment pas de nourriture

inerte). Les nauplies d'artémia sont une excellente option et des kits d'élevage sont disponibles en magasin spécialisé ou sur internet.

Boite d'œufs d'artémias pour production d'artémias vivants

Lorsque les axolotls atteignent les 3-5 cm, ils peuvent être nourris avec des vers de vase vivants ou décongelés 3 fois par jour.

Une fois qu'ils atteignent environ 5-10 cm, les vers de vase ne sont plus assez nutritifs, il faut alors effectuer une transition vers les pellets qui sont plus riches. On les nourrit alors deux fois par jour.

Axolotl Juvénile

3. Faire de l'élevage d'axolotl - Attention !

Dans ce livre nous ne traiterons pas de l'élevage d'axolotl qui nécessiterait un livre dédié, néanmoins voici quelques conseils et informations indispensables avant d'envisager de vous lancer dans ce genre d'élevage.

L'élevage des amphibiens tels que l'axolotl diffère de celui des mammifères. Alors que les mammifères ont généralement peu de portées et moins fréquemment, les amphibiens produisent un grand nombre d'œufs à une fréquence élevée (des centaines d'œufs jusqu'à deux fois par mois). En conséquence, les mammifères s'efforcent de préserver toute leur progéniture, tandis que les amphibiens misent sur la quantité, sachant que les pertes sont très courantes, notamment en raison de la prédation dans leur environnement naturel.

Si l'idée d'euthanasier des larves est trop difficile à accepter, ce qui est tout à fait compréhensible, il est préférable de renoncer à l'élevage d'axolotls.

Il est également recommandé de n'élever des axolotls que sur demande, car il est possible de se retrouver avec une surpopulation difficile à gérer et à placer.

Pensez aussi que l'élevage va vous demander des coûts, du temps et de l'espace supplémentaire (bacs pour les œufs puis larves, de la nourriture adaptée qu'il faudra parfois élever soit même tel que les Nauplies d'Artémia ou les vers de vase), des changements d'eau très réguliers à faire, etc...

Il est également indispensable de bien se renseigner sur l'élevage d'axolotl et de ne pas se lancer à l'aveugle. Ainsi, si l'élevage vous intéresse, je vous recommande d'aller directement à la rencontre d'éleveurs expérimentés et passionnés pour qu'ils puissent vous partager leur savoir et expérience sur le sujet.

En cas de métamorphose de l’axolotl

1. Pourquoi mon axolotl s'est métamorphosé ?

La métamorphose de l'axolotl n'est pas quelque chose de “normal”, mais cela peut malgré tout arriver.

La métamorphose de l'axolotl se traduit par une disparition progressive des branchies et du voile dorsal, les quatre pattes s'allongent et s'épaississent afin de se préparer à la gravité terrestre, la peau mue et s'épaissit, des paupières mobiles apparaissent.

Axolotl métamorphosé sous sa forme de salamandre terrestre

On ne connaît pas encore toutes les causes exactes de cette métamorphose, mais il semblerait que la métamorphose soit principalement induite par :

- Un environnement inadapté.
- Une trop forte concentration en iode.

- La génétique et des croisements d'axolotls avec des espèces cousines telle que l'Ambystoma tigrinum.

D'où l'importance de fournir un environnement adapté à son axolotl et de bien choisir son élevage lors de l'adoption.

Attention : Surtout ne tentez pas de faire se métamorphoser vos axolotls ! Cela est dangereux et douloureux pour l'animal qui risque d'en mourir et c'est considéré comme de la maltraitance !

2. Comment adapter ses conditions de vie ?

Durant la période de métamorphose qui peut durer plusieurs semaines, il faudra proposer un environnement mixte entre aquatique et terrestre à votre axolotl, le temps qu'il fasse pleinement sa transition.

Dans ce cas, il vous faut donc **adapter votre aquarium** (ou un bac dédié) en le séparant en deux parties distinctes, une terrestre et une aquatique. La partie aquatique doit répondre aux mêmes exigences que pour un axolotl non métamorphosé. Pour la partie terrestre elle doit être adaptée à un axolotl métamorphosé (voir dans la suite de ce chapitre).

Une fois l'axolotl pleinement métamorphosé, ses conditions de vie ressemblent assez à celles d'autres espèces de salamandres.

L'axolotl métamorphosé est donc majoritairement **terrestre** et fouisseur mais certains peuvent également apprécier nager tandis que d'autres pas du tout. Il faudra donc vous adapter en fonction de votre axolotl.

Vous pouvez faire vivre votre axolotl métamorphosé dans un **aquarium** mais il faudra l'**aménager d'un environnement terrestre**.

Si votre axolotl n'aime pas nager, l'idéal reste d'opter pour un **terrarium** qui pourra recevoir une bonne épaisseur de substrat.

Terrarium en bois

Terrarium en verre (exoterra)

La taille du terrarium ou de l'aquarium doit être au minimum de **80 cm (L) x 40 cm (l) x 40 cm (h)** pour un individu (80€-200€).

Il doit contenir minimum **10 cm** de substrat car l'axolotl métamorphosé adore s'y enfouir.

Ce substrat peut être composé de **humus de coco, tourbe blonde sans engrais, terreau sans engrais**, ... Le tout pouvant être recouvert de feuilles mortes (nettoyées et passées au micro-ondes pour les désinfecter), on peut aussi ajouter de la mousse de forêt.
Certains ajoutent des vers de terre dans le substrat afin de le drainer, et cela sert aussi à autoalimenter l'axolotl métamorphosé.
Il est recommandé de changer le substrat tous les 6 mois environ.

On disposera également d'une **zone d'eau** pour qu'il puisse se baigner. L'eau va également faciliter sa mue. Attention pour la zone d'eau cela va dépendre de votre axolotl, certains seront 90% terrestre et aimeront juste une petite coupelle d'eau pour se mouiller, tandis que d'autres seront encore très à l'aise dans l'eau et aimeront avoir une partie aquatique avec une eau plus profonde pour nager. Dans ce cas, les conditions de la partie aquatique sont les mêmes que pour un axolotl non métamorphosé.

Enfin on pourra ajouter des plantes telles que des fougères pour la décoration (Attention, évitez la sphaigne : si l'axolotl en avale, il risque l'occlusion) et des cachettes en terre cuite (on peut utiliser celles qui étaient dans l'aquarium après les avoir lavées) pour qu'il puisse se cacher.

L'axolotl métamorphosé aura besoin d'une température idéale entre **14-20°C**. Si la température s'approche de 0°C, vos axolotls pourraient alors entrer en "brumation", c'est une sorte d'état léthargique ou le métabolisme est ralentit. A l'inverse, ils n'apprécient pas les fortes chaleurs (>25°C). Il faut donc veiller à ce qu'il puisse s'enterrer pour se refroidir d'où l'intérêt de lui proposer une bonne épaisseur de substrat.

Il a également besoin d'une **forte humidité.**

Le taux d'humidité appelé aussi "hygrométrie" doit être idéalement de 60-80%. Ce taux se mesure à l'aide d'un appareil appelé "hygromètre" qui est souvent intégré à des thermomètres digitaux.

Thermomètre avec Hygromètre

Pour maintenir ce taux d'humidité on pourra **vaporiser environ 3 fois par semaine** avec de l'eau pour que le sol soit légèrement humide, mais attention il ne doit pas être détrempé pour éviter la pourriture.

Un éclairage naturel sera le plus adapté, toutefois si votre pièce ne le permet pas, optez pour un éclairage artificiel (éclairage LED) et suivez un rythme classique jour/nuit.

3. Quelle alimentation donner à son axolotl métamorphosé ?

L'axolotl métamorphosé a besoin d'une alimentation adaptée soit des **insectes vivants** tels que des grillons, des blattes, des criquets, des vers de terre, des cloportes (utiles car ils peuvent se nourrir des déchets dans le terrarium), des limaces, mais aussi des vers de farine, vers de morio, teignes de ruche en petite quantité car ce sont des friandises.

Certains insectes vivants peuvent se trouver dans certaines animaleries ou magasins spécialisés. (Entre 1-4€ les 100gr selon les insectes)
Sinon, il vous faudra faire votre propre élevage d'insectes.

Boite de cloportes

Attention : On fera attention aux pesticides sur certains insectes (limaces et vers provenant du jardin par exemple) et de ne pas mettre trop d'insectes d'un coup dans le terrarium car certains tels que les grillons ou criquets peuvent blesser l'axolotl.

Il est également possible de donner du **gel insectivore** "Repashy Grub Pie" par exemple. (Autour de 15€ le pot de 85gr) mais ce genre de gel n'est pas toujours facile à se procurer en France.

Gel insectivore "Repashy Grub Pie"

Enfin, on peut également compléter avec des pellets pour axolotls.

La nourriture doit être variée et les aliments doivent être saupoudrés de calcium une fois par semaine.

La fréquence d'alimentation est la même que celle des axolotls aquatiques adultes (soit environ 2 à 4 fois par semaine).

4. Différences de comportement et reproduction

Une fois sous sa forme métamorphosé, l'axolotl est très peu actif, il ira s'enfouir ou se cacher et y restera plusieurs jours voire semaines. Il ne faut pas s'inquiéter et il ne faut pas le déranger, le toucher ou le prendre dans les mains, car cela va le stresser.

Certains axolotls apprécieront encore beaucoup l'eau et pourront même nager, tandis que d'autres se contenteront de se mouiller dans une gamelle d'eau.

La durée de vie de votre animal sera considérablement réduite une fois qu'il sera métamorphosé, passant d'une moyenne de 15 ans à l'état larvaire, aquatique à seulement **5 ans sous forme métamorphosé dite terrestre**.

L'axolotl métamorphosé garde une peau fragile et est donc sensible aux bactéries, mycoses et produits chimiques.

Le cas de reproduction chez l'axolotl métamorphosé est possible mais peu constatée. Néanmoins la reproduction des axolotls terrestres est déconseillée, car la progéniture sera plus encline à se métamorphoser également et elle vivra donc moins longtemps.

Conclusion

Alors que nous arrivons à la fin de ce guide, il est essentiel de rappeler que devenir propriétaire d'un axolotl est une aventure pleine de surprises, d'apprentissages et de moments inoubliables.

Les axolotls, ces êtres aquatiques mystiques et fascinants, ont une capacité unique à nous émerveiller et à nous éduquer sur la diversité du monde naturel.

Que vous soyez captivé par leur origine naturelle, inspiré par leurs incroyables capacités de régénération, ou simplement charmé par leur présence apaisante, nous espérons que ce livre vous aidera à offrir à votre axolotl une vie aussi riche et satisfaisante que celle qu'il apportera sans aucun doute dans la vôtre.

Garder à l'esprit que même avec toute la préparation et les connaissances du monde, chaque axolotl est unique et peut présenter des défis inattendus. C'est pourquoi il est essentiel d'approcher cette aventure avec une ouverture d'esprit, une patience sans fin et une volonté d'apprendre continuellement

En fin de compte, le voyage que vous entamez avec votre axolotl sera une expérience enrichissante qui élargira votre compréhension de la vie aquatique et vous apportera une joie immense. Profitez de chaque moment de cette aventure passionnante, et souvenez-vous que vous n'êtes pas seul. La communauté des amoureux des axolotls est grande et toujours prête à aider et à partager leurs expériences.

L'aventure avec votre axolotl ne fait que commencer. Bonne continuation et profitez de chaque instant avec votre nouvel ami aquatique !"

Fiches Récapitulatives

Dans les pages suivantes vous trouverez des fiches récapitulatives, qui vous permettront de vous remémorer les points essentiels de ce livre.

Axolotl

Ambystoma Mexicanum

Identité

Classe : **Amphibiens**

Ordre : **Urodèles**

Famille : **Ambystomatidae**

Origine : **Mexique** (Lac Xochimilco)

Taille : **20-30 cm**

Poids : **60-110 g**

Espérance de vie : **10-15 ans** (5 ans sous forme terrestre)

Reproduction : Maturité sexuelle vers **9-12 mois, 100-600 œufs** par ponte

Régime Alimentaire : **Carnivore** (pellets, proies vivantes,...)

Spécificités

L'axolotl est un animal aquatique qui peut rester à l'état larvaire tout au long de sa vie, ce phénomène est connu sous le nom de « **néoténie** ». Il se reproduit alors à l'état larvaire, on parle de « pédogenèse».

L'axolotl a une **capacité de régénération**, c'est à dire qu'il a la capacité de faire repousser ses membres et même certaines parties de son cerveau s'ils sont endommagés. C'est pourquoi ce dernier est souvent utilisé dans la recherche médicale.

Il existe **différentes couleurs d'axolotls** : fauve, leucistique, arlequin, albinos, mélanoide, copper, leucistique copper,...

Aquarium

Taille minimum : **100(L) x 40 (l) x 40 (h) cm** (pour 2 Axolotls)

Température : **15-18 °C** (Max 22 °C)

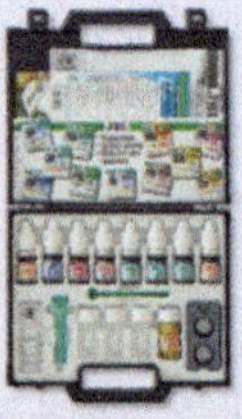

pH : **7-8** GH : **10-12** & KH : **8-10** CO2 : **20 mg/l**

NH4 : **0 mg/l** NO2 : **0 mg/l** NO4 : **< 20 mg/l**

PO4 : **< 0,05 mg/l**

Adopter un Axolotl - Le résumé des étapes clés

1) Je sélectionne l'éleveur ou le vendeur avec soin.

2) Je m'équipe et j'installe l'aquarium de manière optimale avec tous les accessoires nécessaires à la bonne maintenance et l'épanouissement des axolotls.

3) Je lance le rodage de l'aquarium, je suis patient (3-6 semaines), je fais des tests pour vérifier le bon équilibre de l'eau.

4) Je vais récupérer mes axolotls et je prends les précautions nécessaires pour les transporter en toute sécurité et sans stress.

5) Je mets les axolotls en quarantaine afin de m'assurer qu'ils sont en bonne santé.

6) J'installe mes axolotls dans leur nouvel aquarium rodé.

7) Je les nourris, je m'assure continuellement de la bonne qualité de l'eau et du bon fonctionnement des appareils. Je nettoie régulièrement l'aquarium. Je surveille la santé de mes axolotls et contact un vétérinaire spécialisé en cas de souci.

8) Je profite de ma nouvelle vie avec mes axolotls !

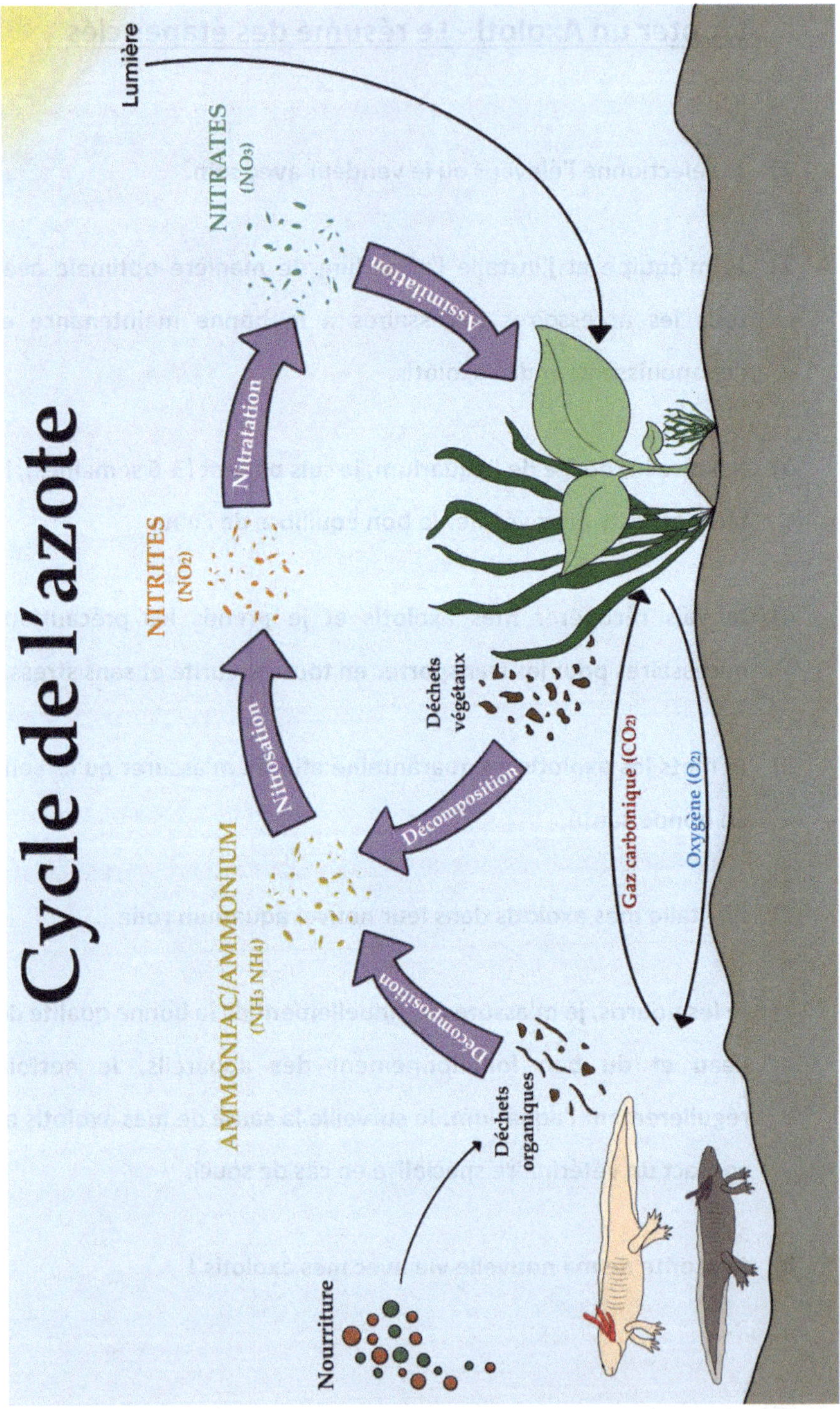

Cycle de l'azote
Lumière
NITRATES
(NO3)
Assimilation
Nitratation
NITRITES
(NO2)
Nitrosation
Décomposition
Déchets
végétaux
AMMONIAC/AMMONIUM
(NH3 NH4)
Décomposition
Déchets
organiques
Nourriture
Gaz carbonique (CO2)
Oxygène (O2)

Les paramètres de l'eau à surveiller

Paramètres	Idéal	Acceptable	DANGER !
Température	15-18°C	0-22°C	>22°C
NH4+	0 mg/l	0-0,1 mg/l	> 0,2 mg/l
NO2-	0 mg/l	0-0,1 mg/l	> 0,2 mg/l
NO3-	>10 mg/l	10-20 mg/l	>20 mg/l
pH	7,5-8	7-8,5	<7 et >9
GH	11-12	6-17	<6 et >17
KH	7-10	5-11	<5 et >11
CO2	20 mg/l	20-30 mg/l	>30 mg/l
PO4	<0,05 mg/l	0,05-0,09 mg/l	>1 mg/l

Les principaux interdits

Iode

Produits chimiques

Cuivre

Tourbe, terreau, ...

NH4

NO2

Température > 22°C

Lumière forte, directe

Graviers, Qwartz,...

Chlore

Equipements recommandés pour bien démarrer

- ☐ Aquarium
- ☐ Filet / grille anti saut
- ☐ Filtre externe
- ☐ Groupe Froid
- ☐ Thermomètre
- ☐ Rampes LED
- ☐ Epuisettes
- ☐ Eponges
- ☐ Goupillons
- ☐ Aspirateur/Siphon
- ☐ Kit de Tests
- ☐ Pellets pour axolotls
- ☐ Sable fin sombre en substrat

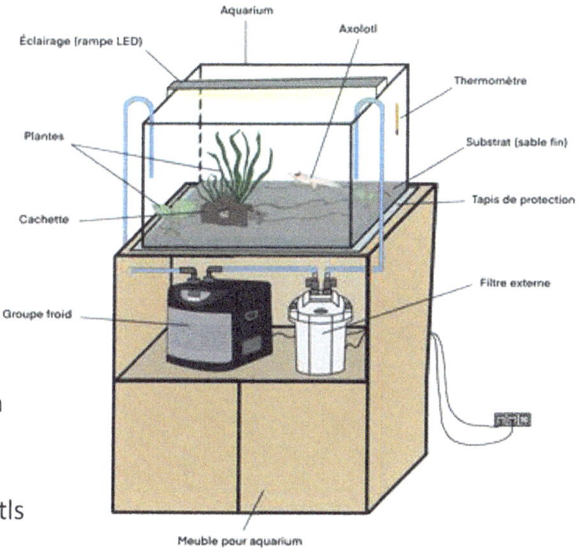

- ☐ Plantes naturelles
- ☐ Cachettes en terre cuite, céramique
- ☐ Bacs infirmerie
- ☐ Trousse à pharmacie (sel non iodé, argent colloïdal 15ppm, eSha 2000, pipette)
- ☐ Désinfectant (Virkon S)

Facultatifs : Pompe à air, osmoseur, distributeur de nourriture automatique, proies vivantes, décorations d'aquarium, caméra d'aquarium.

Merci d'avoir pris le temps de découvrir les axolotls à travers ce guide. J'espère que la vie avec votre nouvel ami sera remplie de moments précieux. Bonne continuation !

Made in the USA
Monee, IL
03 November 2026

67385315R00118